家的模样：
私宅改造全攻略

〔日〕川上雪 著

黄若希 译

U0222187

江苏凤凰科学技术出版社

前 言

　　在我们长年累月生活的家中，房间里的陈设、家具都已经完备，总觉得似乎没有什么地方能改造了。

　　"每当看到室内设计的照片，或是在逛家具店时，我总会有些兴奋。我喜欢在家里溜达。虽然总想让自己的家变得赏心悦目，却总觉得家里的家具、窗帘、收纳箱之类的都有了，已经不需要再增添些什么了。唯一能做的也只剩收拾整齐了。不翻新重建的话已经不可能有什么变化了吧。"

　　本书就是为这类"住惯了先生/小姐"，也就是虽然喜欢布置房间，却由于"住习惯了"而感到犹豫的人们提供简单、容易操作的室内布置方法。

一定可以变得更好！

加入"改造前—改造后"对比计划的
Hatena 女士

赋予客厅崭新魅力的方法，或是在收拾整齐后稍加点缀就能消灭房间平淡感的方法等——正是我要教授的以室内设计知识为基础，只要稍加改动就能使平淡的房间大放异彩的方法。

正是因为已经住习惯了，我们才更想换换心情。但平常总是太过忙碌，不能静下心来好好研究。此外，改造用的物品如果太贵的话，我们也无法负担……

虽说摄影棚的模型或是精美的室内设计照片十分养眼，但总给人一种遥不可及的距离感。因此，为了让大家能够感同身受，这一次我对Hatena女士的独栋房屋进行了实际改造。请大家将自己代入，仔细体会房子中产生的大大小小的变化。我相信一定能够给你犹豫不前的心带来触动。

川上雪

我

真受不了，我们家这样的日子，什么时候才是尽头啊？

总有这么一个房间，每天都想着再不收拾就不行了，却每天都还保持着原样。

本书就是要为这类"住惯了先生／小姐"提供能立即着手的简单易行的室内设计方法。

虽然我也想让家里变得时尚起来，却由于物品越堆越多不好收拾，而最终什么也没改变。

唉！

曾经非常喜欢的客厅也早就看腻了，生活越来越无聊。

在现在的房子里居住超过四年
"住惯了先生／小姐"的种种表现

年复一年的生活中，与日俱增的不是美丽，而是乏味的生活。

哎，太大了！

算了，就这样吧！

最近的口头禅变成了"就这样也挺好"。刚搬过来的时候，设计房屋的干劲儿都去哪里了？

目 录

第1章
首先，让我们从改造客厅入手吧

　　如果将熟悉的客厅改造得更完美，那么，每天的生活都会充满干劲儿。常常会有"想邀请朋友过来看看"的好心情，曾经烦琐的家务似乎也变得更顺利了。一想到"我们家还能变得更好"，就让人喜不自禁。这里我们要介绍的方法很简单，稍稍变动家具或是室内布局就能实现家的改造。无论是怎样的房间，只要做出一点小小的改动就能大变样。

需要做的是加法而不是减法

　　这里就是Hatena女士的家，这是从玄关看到的客厅布局。

　　虽然Hatena女士认为"我家到处都散落着玩具之类的物品，很乱啊"，但在我看来却已经足够整洁，收拾整理方面不是问题。所以我对她说："你的家现在需要做的不是减法而是加法，如果能改变房间的整体感觉，那么会比解决小问题更有满足感。"

不收拾不行啊！

电脑

沙发

餐桌

电视

厨房

从这个地方观察客厅

这是从玄关看到的客厅，比主人自己说的要整洁许多。

即使只改变一个地方，客厅也会大变样

　　之后，我们对房间进行了为期两天的改造。改造效果如第13页图中所示。看到重新变得明亮起来的房间，一直愁眉苦脸的Hatena也忍不住兴奋起来："哇！明明还是那个客厅，只做了一点加法就能变得这么好！"

　　"改变室内设计"听起来很麻烦，然而也有一个简单的方法，那就是只对一个地方进行改造。这里需要的并不是种类繁多的装饰品和设计师的灵感，而是对房间的充分理解。这一方法十分简单，无论是谁都能做到，希望大家也能试试。

给墙壁重新涂色，挂上装饰画，再放上一张小圆凳，这就是所谓的"加法"。虽然电视背后有些乱，但反而显得更接地气。房间的面貌焕然一新。

详情请见第36页。

第1课
那么，也试着改变你们家的这个地方吧！

对站在玄关第一眼看见的地方加以改造，可以产生很好的效果。这是决定第一印象的加分区。

加分区很容易找到。面对玄关看向整个房间，瞬间映入眼帘的墙壁或其他地方就是加分区了。

如果能给人留下好的第一印象，那么房间整体看起来也会有不错的效果。

想象一下，去Hatena家做客时，一打开门，首先映入眼帘的是带有绿植的墙壁，一定会心中赞叹"哇！真漂亮啊！"带着这样的印象往客厅里面走，也会觉得房屋整体都漂亮起来了。

如果对房间产生了良好的第一印象，那么，最初的感觉会持续下去，其他部分看来也会漂亮很多。因此，大家的房间也没有必要做整体改造，只要让加分区赏心悦目就好。加分区变得漂亮，房间整体给人的感觉也会变好。这一聚焦视线的地方在室内设计中叫作"焦点"。无论哪所房子都有类似这样的加分区域，现在就寻找一下吧！

细长型客厅

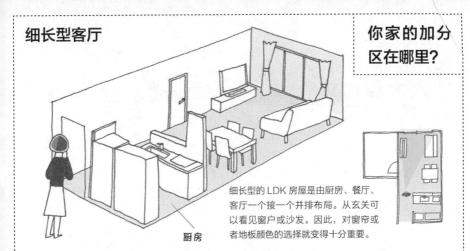

细长型的 LDK 房屋是由厨房、餐厅、客厅一个接一个并排布局。从玄关可以看见窗户或沙发。因此,对窗帘或者地板颜色的选择就变得十分重要。

厨房

常见的2DK布局

厨房

客厅与餐厅二合一、厨房的紧凑型布局,从玄关处看见的是厨房墙壁。在这里挂上装饰画能吸引人们的视线。

横宽型客厅

厨房

左右两边分别为餐厅和客厅的布局。从玄关处看见的是垃圾口(日本房子里清除室内垃圾的专用通道,其下部与地板或榻榻米高度相等),用绿植或窗帘加以遮挡会好很多。

变化型客厅

厨房

独栋或定制房屋中出现的特殊布局。进入玄关后,首先看见的是沙发。更换适宜的靠垫,一下子就会变得华丽起来。

单间型

厨房

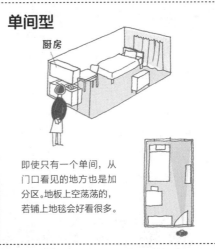

即使只有一个单间,从门口看见的地方也是加分区。地板上空荡荡的,若铺上地毯会好看很多。

第2课
缩小目标场所，加入大型装饰品，着手改造

就是那里!

1.确定加分区

首先从加分区入手。这一区域最能体现变化，只改变这一个地方就能改变房间面貌。

2.研究装饰品

绿植、地毯等大型装饰品从远处就能看见，略加装饰就能达到很好的效果。

避免这样的情况：

想买，但不是很懂。

已经买了但没有用处。

3.开始行动

加上装饰品就完成了。只要缩小目标场所，就不会耗费太多时间和金钱，很快就能完成改造。

选择喜欢的装饰品

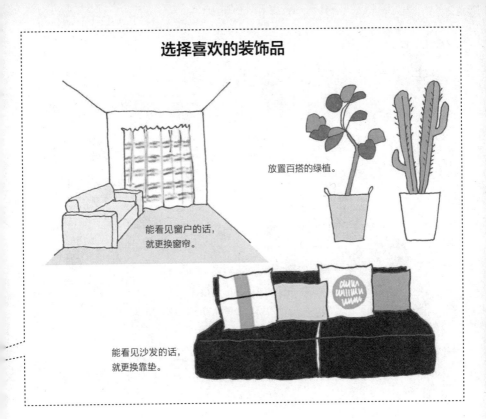

放置百搭的绿植。

能看见窗户的话，
就更换窗帘。

能看见沙发的话，
就更换靠垫。

这是对于忙碌的"住惯了先生/小姐"来说最快的方法。

很多"住惯了先生/小姐"十分忙碌，即便回家之后也有许多不得不立刻解决的事情，几乎没有休息的时间。

对于这些人来说，改造房间必须要有不费时间且能立即见效的方法才行。因为太忙，所以没有时间改造房间整体。但如果只做小改动又改变不了千篇一律的感觉。与其"埋头苦干"，不如寻找快速的方法。

在这里我要介绍自己以前从事室内设计工作时实践过的"加分区改造法"。因为加分区是房间里显眼的地方，因此，即便只对这一区域进行改造也能立即体现出良好的效果。就算不买新物品，仅仅移动现有的装饰也是可以的。首先要制造变化，让人不自觉地产生"我家还是挺好看"的欣喜感。

方法1
首先摆放高度超过120cm的绿植

　　找到客厅里的"加分区"之后，不马上试着放点什么吗？一开始最好是用在任何房间都合适的百搭装饰品——高大的绿植。

圆叶型植物：爱心榕、法国橡皮树等。

细叶型植物：丝兰、鹤望兰等。

★重点
较大的绿植能够表现出强烈的存在感

高大的绿色植物远远就能看见，有着强烈的存在感，因此，只是摆放在某处就能使得整个空间从"普通"提升到"有点特别"。这一变化可以带给人好心情，与其说是增添了一件装饰物，不如说是增加了一个伙伴。

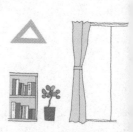

家具和墙壁前的绿植高度齐平，看起来不美观。

改造前

花盆太小，绿植整体会略显寒酸。

花盆大小适中，容量充足。

我们在客厅深处摆放了高达150cm的爱心榕。据Hatena说，爱心榕的花语是"永远幸福"。法国橡皮树、鹤望兰、丝兰等也非常受欢迎。

墙壁的空白处有绿植点缀，十分醒目。

★选择
从细叶型和圆叶型植物入手
对植物的喜好因人而异。我认为可以从细叶型和圆叶型植物上入手。墙壁较为空旷，想要营造柔和氛围，可以选择像爱心榕（原产非洲，叶子呈心形，被引种为室内观赏植物）这样的圆叶型植物。如果想要呈现一种鲜明感，则可以选择丝兰这类细叶型植物。此处仅为个人建议，读者可根据自己的喜好选择绿植。

★开始：
如何决定植物高度？选择困难者必读。考虑到植物与房间的融合性，需要特别考虑植物的"高度"。植物过低的话，容易与家具重叠，无法清楚地看见叶子，使植物魅力大减。墙壁的空白处如果能用植物的绿色加以填充，可以带来很好的平衡感。测量墙壁空白处的高度后就能确定绿植的高度了。

改造后

方法2
选用失败率为零的对开窗帘

　　如果改变窗帘的颜色，景致一下子就全变了，房间会变得很漂亮。但是，很多人都认为挑选窗帘颜色是一件高难度的事情。在这里我们将现有的遮光窗帘改成了中间对开的窗帘。

★开始

更换与门面齐平的窗帘。窗帘店里一定陈列着许多对开窗帘（又称为花边窗帘）。首先试着确定大致花样。推荐Marimekko（芬兰家居品牌）的白底白花纹的对开窗帘。

从里面可以看见窗户的布局。

Hatena 家用的也是漂亮的遮光窗帘。

★选择

直线样式能够很好地契合背景。日本住宅大多为白色墙壁、方形窗户，因此窗帘也像边线一样适合直线样式，这样就可以很好地融合在背景里。

★重点①

推荐对开窗帘的理由

对开窗帘大多为透感很好的白色，能够与墙壁相融合，即使有花纹也会带来柔和的变化。一般的窗帘也常用白底带花纹的样式，更容易被人接受。

★重点②

也可以只买素材自行加工

照片中所使用的是织布品牌ieno textile的"Alti"系列。可自行购买布料，将布匹两端缝合（或是用熨斗做封带处理），再用窗帘夹固定即可。

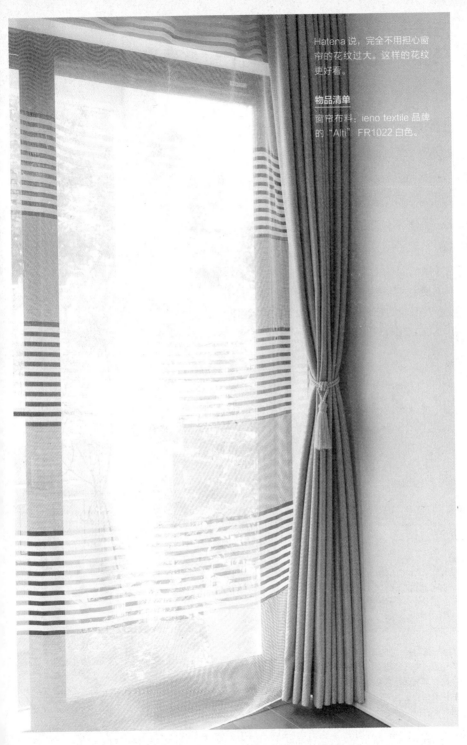

Hatena 说，完全不用担心窗帘的花纹过大。这样的花纹更好看。

物品清单

窗帘布料：ieno textile 品牌的 "Alti" FR1022 白色。

方法3
只要一幅大型装饰画即可

如果墙壁太空旷，一定要挂一幅画上去，这样可以给房间带来一种知性、成熟的氛围。特别是大幅的画，能够吸引人的视线，甚至可以说大幅画有着"不再需要别的装饰品"般的存在感。虽说挑选画有些难，但一开始可以选择一幅非常讨巧的画。

画和墙壁的宽度比例为 2：5，可以给人带来一种非常强的视觉冲击力。画的周围不要放任何生活用品，让画更加显眼。

★开始

试着使用大幅装饰画吧。如果房间里的物品较多，那么使用较小的装饰画则很容易被忽视。推荐使用A4尺寸以上的装饰画。首先在墙壁上用A4纸比对尺寸。

Hatena 的设计，Marimekko 的材料配上宜家的画框。

★选择

选择没有脸部特写的、较为抽象的画。比起脸部特写或其他有具象主题的画，视觉冲击力较为柔和的抽象画或是英文字母画更容易与房间氛围相契合。画面留白较多的装饰画也适合挂在墙壁上。

如果选择绘画，则可以用抽象画。无论是人物还是动物，具象化的主题很难与现有的物体相契合。如果是色彩不明亮的抽象画则适合许多。

如果想要降低成本，私人物品是一个好选择。将意大利家具品牌 Cappellini 的旧商品目录封面嵌在宜家的画框里。只要装上画框，即使是商品目录封面也能变得漂亮起来。

只有英文字母的海报。具有良好视觉效果且价格便宜的海报十分受欢迎。这一张英文字母海报出自美剧《豪斯医生》的"g"，使房间看起来非常酷。

紧凑的主题和足够的留白可以给房间带来宁静和舒畅的感觉。这并不是简单的印刷品，散发着只有名家作品才有的魅力。打开门，视线撞上装饰画的一瞬间，心情就会平静下来。

物品清单

艺术品：《Blocks-18》黑木周 /IDEE
（长 64 cm× 宽 49.2 cm× 厚 3.5cm）

方法4
给空荡荡的地板铺上地毯，房间焕然一新

地板如果空荡荡的话，不知为何总让人感到有些寂寞。如果铺上地毯，则可以给人带来一种安定感，能够不着痕迹地达到焕然一新的效果。尤其是将地毯铺在沙发前，会给人一种仪式感，为原本熟悉的客厅增添了整洁感。

★重点
判断是否空旷，走三步即可

不堆放杂物，收拾得整整齐齐的家很容易给人一种空荡荡的感觉。大概2m以上的范围就容易显得空旷。如果沙发前有这样一个空间，就可以考虑铺上地毯了。

沙发前空空荡荡，客厅看起来颇显寂寥。

改造前

★选择
素材可以依据房屋类型进行选择，种类丰富

地毯的颜色、材质、尺寸多样。想要纯色的话，可以选择长毛绒地毯等。想要带花纹的话，则推荐使用花纹和周围物体相匹配的地毯。想要稍显高级的话，鹅绒地毯和手工地毯是不错的选择。

★开始
观察地板的空白处来决定地毯形状

地板的空白处是一个判断的依据。如果非常空旷，则无论是圆形还是方形的地毯都可以。如果较为狭窄，则最好使用方形地毯。地毯大小只要不超过沙发宽度即可。如果地毯过大，会带来束缚感，一定要适度。

纯色的长毛绒地毯

时尚的几何图案地毯

手工地毯

（均为私人物品）

即便是非常正统的颜色，做成圆形也能引人注目。这一方法既简单又时尚。

改造后

方法5
增加一些高为25cm的装饰品，可以使装饰柜变得醒目

精心摆放在装饰柜上的装饰品，从远处看，如果让人产生"这是生活用品吗？"的疑惑，就太可惜了。只要增添一些较高的装饰品就可以使装饰柜变得醒目。可以将手边的装饰品换成以下几种试试。在室内设计中，20~25cm高的装饰品是百搭的。这一高度不容易被周围的物体遮挡。

就是这样的地方

★开始
只要加一样装饰品就能改变整个氛围
只要在中意的角落里摆上一件高25cm左右的装饰品即可。试着从摆放喜欢的书籍开始吧！

台灯

兼具照明功能
台灯最好选用灯身细长的类型，并放在一些小物件旁边，一下子就能吸引人的目光，营造出一种和谐的氛围。

相框、封面好看的书籍

首先可以试试手头的书
比起华丽的装饰，颜色自然的相框、仅有文字的书籍封面、单色的书籍等较为简约的装饰物反而更显高级。

大花瓶

仅使用花瓶本身
摆上一个充满个性的花瓶，无须插花，只凭花瓶本身的图案，就能吸引人的注意。可以将手边的物品简单地收集起来。

随手放置的小杂物，加上这一背景后立刻引人注目

★选择
选用与原有装饰不同的物品
圆形：方形的书本或者相框
方形：圆盘
作为背景装饰，选用与现有装饰形状相异的物品可以增添变化。

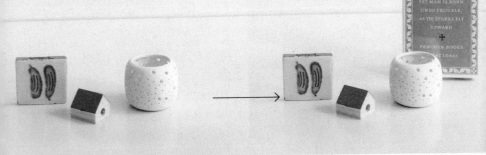

虽然摆放着墨西哥花砖等小物件，但因为高度都不到8cm，所以远远看起来，根本分不清是生活用品还是装饰品。

在小物件后面摆上一本书作为背景，装饰品的意味瞬间就显现出来了。

大容量的竹筐

用以隐藏生活用品
不用25cm，15cm左右深的竹筐就足够了，可以隐藏药物或喷雾类等随手放置的杂物。

圆盘

立起来就能变身为美丽的装饰品
厨房里漂亮的手编圆盘，或是有可爱花样的碟子，都可作为装饰立放在书架上。

花+花瓶

没什么特色的花瓶也可打造美好的生活
一个高度超过20cm的花瓶，远远看来显得十分华丽，用它进行装饰，可以让人尽情享受插花的乐趣。

方法6
"成套搭配"靠垫, 改造沙发

房间塞得满满的, 根本没有放新物品的空间。这种情况下, 只要在沙发上摆上一排成套的靠垫, 就能达到强烈的视觉冲击效果。只放一个靠垫不够显眼, 多放几个才能加深印象, 改变氛围。

★重点
选用上好材质的靠垫套更显高级
就像只需一条高档的披肩就能改变一个人的着装风格一样, 材质高级的靠垫套也是装饰房间的加分利器。比如, 下图中1号靠垫套的价格高达600元, 其上的刺绣来自印度, 有着其他流水线制品所不具备的技艺深度。

改造前, 虽然这三个靠垫摆放遵循了2:1的原则, 但不觉得橘色靠垫有些格格不入吗?

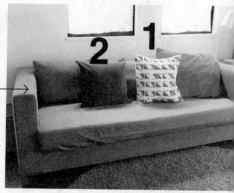

这里为了突出橘色靠垫, 试着将这三个靠垫并排摆放在沙发上。第1步, 换上一个花纹颜色也是橘色的靠垫。第2步, 为了远看更有视觉冲击力, 增加了一个黑色靠垫。

★选择
享受挑选的乐趣

我个人认为这一装饰的重点在于挑选喜欢的花纹。亮眼的花纹可以使原本朴素的沙发变得活泼明亮起来。靠垫体积小，不怎么占地，而且可以像桌布一样常换常新。

★开始
先决定其中一个靠垫的颜色，再考虑其他靠垫的花纹

摆放一整排靠垫时，先从第一个入手。如果第一个靠垫是白色的，剩下的再用单调的花纹就会显得过于成熟了。若第一个是米黄色的话，配上茶色花纹的靠垫，会显得更有深度。搭配的过程也是一种乐趣。

START

3

如此一来，黑色靠垫又过于显眼了。第3步，用一个花纹简单的靠垫加以中和，这样改造就完成了。既不会显得过于耀眼，又能够达到花纹和颜色充分搭配的效果。

秘密课堂
图解何为"成套搭配"

"成套搭配"不仅适用于装饰沙发靠垫，也可用于搭配其他小物件。

"成套装饰"的优点在于无需计划，只需临场发挥即可。如果先放了一盏白色小灯，则可以观察其样式，再添置闹钟等。根据前一样物品就可决定后一样。这一方法使得室内设计布置简单统一且便于归纳。

这里有两个简单的搁板和一个矮柜，就从这里开始吧。

放置台灯。

为了搭配台灯的白色灯罩，再放上一个白色表盘时钟。

为了配合时钟的白色，再摆上一本白色封面的书。

虽然那些看起来无比精致的室内设计照片让人觉得不太现实，但却隐含了不少搭配的法则。现在就以"成套搭配"法则为例，试着从各种室内设计的照片中学习吧，说不定会有令人惊喜的新发现。

加上一些和台灯颜色一样的白色的小玩意儿。

再摆上一个白色花瓶并插上鲜花。加上有些高度的装饰品，如此一来，这里的布局瞬间就丰满起来了。

白色系装饰已经足够，矮柜中则再添加一些白色以外的物品。从亮色的木头到木盘，再到时钟的木框，以及银色的罐子等，"成套搭配"就完成了。

Q&A
还是有些担心，我们真的能完成改造吗？

虽然明知加以改造可以使得房间焕然一新，但总是无法痛下决心，每每烦恼不知从何入手。这样下去如何迈出改造的第一步呢？

Q 室内装饰的物品看起来都很贵，舍不得买，怎么办？

A 怀揣"一定会用很多年的"想法就好了。室内装饰品均选用能用5年到10年的物品。这样一来，600元的物品如果用上10年，每年也只花60元左右。在商店里看见喜欢的物品时，不要只看价格，应该想想这件物品能用几年，按日子算开销。如果是用上10年还会觉得喜欢的物品，一定要买下来。喜欢的物品带来的好心情是用金钱无法衡量的。

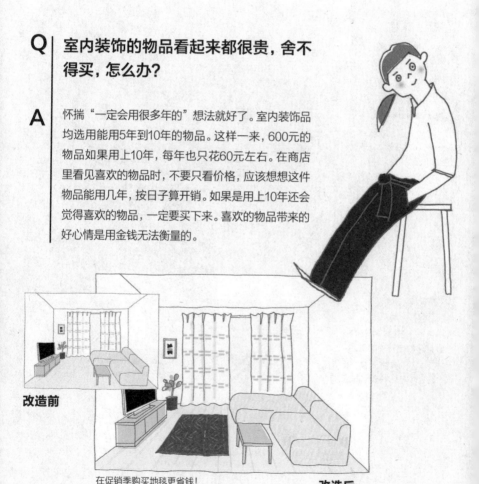

改造前

在促销季购买地毯更省钱！

改造后

做事情总是害怕失败的人，可以拿手边的物品练手。

改造前

哇！

咦！

仅仅是把手边的绿植和装饰画移到了加分区，就能增色不少。

造后

Q 总觉得自己改造容易失败，所以一直在犹豫，怎么办？

A 先拿手边的物品练练手。加分区最好的地方就在于仅仅变动原有装饰的位置就能带来很大的改变。先拿手边的物品练手，觉得可以，再正式开始改造。

Q 不知道住宅改造的意义或效果何在？

A 让房子对得起这个价格。大部分人在房租或房屋贷款上都花了不少钱。虽然不需要太奢华，但至少要让自己的房子对得起付出的价钱吧。就算不爱摆弄这些，至少也得把房屋收拾得顺心宜居。

Q 没有添置大型装饰品的勇气，怎么办？

A 作准备，制定计划。因为大型装饰品不经常购买，害怕买错也在情理之中。没有勇气买的话，就先制定具体计划吧。多接触各种各样的商品，了解价格等。了解得多了，便能下定决心。室内设计不是一蹴而就的工作，因此不要着急，慢慢筹划。

专栏
温暖人心的"加法改造法"

减法也同样重要

　　最近，室内设计中需要做减法的观点已经成为定论。勤加整理，除去多余的物品且不增添别的物品，把房屋内的物品尽可能地控制在较少的数量，这样才能方便日常生活管理，才是聪明的生活方式。因此，很多人都认为通过"减法"来管理生活是十分重要的。

　　然而，如果只是一味地做减法，房屋会渐渐变得十分无趣。虽然方便，但我认为，冷冷清清的房间就像没有笔芯的铅笔，光有整洁的外表，但是失去了本质，索然无味。

住宅要温馨宜居

　　一进入房间，就感受到一种舒缓的氛围，使人消除浑身的紧张感，或许营造温馨、安全感才是住宅的本质。营造这一种温馨的感觉，不仅需要协调各种明亮色彩或使用触感温和的材质等装饰技巧，而且主人自身的心情也不可或缺。如果房间陈设能够让人常常处于开心愉快的状态，使人不时发出"哇！真漂亮""看着就舒服""好看"的

赞叹，那么就能让主人心情愉快，让家里弥漫着温馨的气氛。

营造贴合自己心情的空间

现在日本的住宅，大多以白墙、绿植为主，总有些单调。因此如果让房间迎合自己的喜好也不太合适，而只在一个地方做一点"加法"的方式，比较适合大部分家庭。使用"减法"在一定程度上使房间显得清爽之后，一定要再试着做"加法"。无须大规模改造，只要在一个地方摆上自己选择的小玩意儿或改变装饰颜色，房间立刻就会焕发光彩。劳累了一天回到家里，也会觉得心头一暖，赞叹自己家"真漂亮"。

我希望"加法改造法"能够与住宅相适应，让大家忙碌一天后回到家里都能感到温馨。因此，我写了这本书。

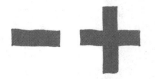

方法7
哪怕只是一面墙，重新粉刷也会带来不俗的成效

　　彩色墙壁一直十分流行，但真正去尝试还是需要一些勇气的。经常听见许多人抱怨说"其实我很感兴趣，但不知道用什么颜色好"。大家如果犹豫不决，可以参考一下Hatena的家。

★选择①
选择绿色的理由

这一次，Hatena选了三种自己喜欢的颜色，最终我推荐了绿色。加上红色的日本琴和条纹地毯，Hatena家鲜艳的颜色似乎不少。墙壁如果使用温和的颜色会压不住，因此选择红色的补色——绿色来保持平衡。绿色较为自然，容易被接受，又稍微带一些灰色调，因此不会过于抢眼。

★开始
从选择三种"喜欢"的颜色开始

优柔寡断的人选起颜色来更容易犹豫不决。虽然要考虑房间或家具的协调性，但基本上只

白墙虽然看着整洁，但缺乏活力。

从最前面的物品开始，顺时针看去，分别是涂色笔、刷子、遮挡胶带、保护膜、0.9升的油漆罐、油漆桶和滚刷，油漆大概不到300元。

物品清单

油漆：aura634 / 本杰明·摩尔（美）

在不涂色的部分贴上遮挡胶带，在上面覆盖一层保护膜。

为了防止油漆掉落，在电视墙和电视上也盖上保护膜。

在地板和墙壁四周盖上保护膜。

油漆倒入油漆桶，将滚刷浸在里面。

手握滚刷，从下往上刷。

刷完后晾1小时左右，油漆干后再刷一层。

要先选择自己喜欢的颜色，然后再从中选择一种最适合的颜色就可以了。首先，选择三种喜欢的颜色。其次，考虑"是否和现有的物品相协调""是否过于沉重"等问题，这样更容易做出选择。

★重点

实际上刷漆只需要20~30分钟。反倒是给周围盖上保护膜更花时间。如果在这项工作上偷工减料，墙面很容易洒上油漆，刷完后会变得很难看，所以一定要注意。

★选择②

颜色多样的油漆品牌

这一次我们选用了颜色多样的"本杰明·摩尔"牌"aura634"号色，这一颜色带有一层淡淡的蛋壳光泽（可以略微用水擦拭），最近非常流行。114cm×220cm的墙壁用一罐0.9升的油漆就足够了。

★选择③

容易购买且能刷在壁纸上的油漆

这种油漆品牌在家居店和网上均有售，也有"能够刷在壁纸上的油漆"，各位可以充分考虑预算并选择自己喜欢的颜色。

惊呆了!

Q&A
为什么说给墙壁涂色是一个好办法?

最近非常流行给墙壁涂色, 这么做有哪些好处? 可以带来什么样的效果? 用什么颜色合适呢?

A | 给墙壁涂色后, 房间立刻变得生动起来了

一般家庭都是在白墙前放置沙发, 但如果墙壁是藏青色的, 就会像美术馆的展示品一样, 让人不由得肃然起敬。就好比换一种适合的器皿就能让食物更加诱人一样, 彩色的墙壁也具有让原本平淡无奇的家具大放异彩的魅力。

需要注意的是彩色墙壁面积不要过大

需要注意的是, 如果彩色墙壁面积过大, 很容易给人一种廉价感。因此, 一个房间只要有一两面彩色墙壁就足够了。

与木制品相配的稳重的颜色更容易协调

与家具或地板相配的颜色是各种各样, 但在住宅中多以白色为主, 因此我认为沉稳且与木制品相配的颜色更适合用来刷墙。右图从上到下依次是芥末黄、蓝灰色和绿灰色、米黄色、绛紫色。

方法8
彩色墙壁能够很好地映照房间的物品，
因此慢慢地增添摆设也是一种乐趣

　　彩色墙壁的趣处就在于，可以让人感受配合墙壁颜色搭配的乐趣。这是白墙所不能带来的兴奋感。无须急于完成，一个一个慢慢思考，慢慢打造自己的专属墙壁。

什么也没有的状态

刷完漆之后，虽然房间已经有些变化了，但仍然有些空旷。上完色后，会想添置些什么才好。

挂上画的一瞬间，
视线就被吸引了

在视线水平处挂上装饰画，瞬间就有了显著的变化。墙壁像是瞬间有了精神，房间瞬间变得华丽起来。

同样是墙壁，这面墙壁还可以考虑如图的模式。落地灯搭配 90 ~ 100cm 高的绿植，矮柜上摆放小台灯，等等。

增添相呼应的颜色，营造立体感

此时，在脚边放上一张小圆凳，试着营造立体感，这样看上去更具深度。画的"黑色"和小圆凳的颜色呼应，不经意间打造出成套装饰的感觉。

方法9
可用于出租屋的可拆卸壁纸和大号嵌板

　　无论是之前还是现在，总是能听到很多人说"我们的房子是租的，什么也做不了"。现在也有各种各样用于出租屋改造的物品，可以给墙壁涂色、打上图钉、安装隔板等。

★开始
为了不给别人造成困扰，应先确认住所是否能够改造

虽说写着"可用于出租屋"，但为了避免不必要的麻烦，还是先仔细阅读商品说明，再开始动手。我个人认为，确定织布嵌板的大小和选择安装位置也是一件有趣的事。

撕下后也不残留的壁纸，贴起来是什么感觉呢？

可用于出租屋的彩色墙壁

用壁纸打造彩色墙壁后，同样可以享受添置摆件的乐趣。

采用无纺布材质的壁纸和特殊材质的胶水，撕下后也不会留下明显的痕迹。

特大织布嵌板的魅力

嵌板如果与沙发或家具大小相匹配的话，可以带来和彩色墙壁同样强烈的视觉冲击力。

织布嵌板的尺寸为长 180cm、宽 45cm，且为纯手工制作。

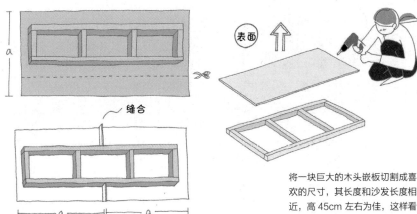

180cm 长的嵌板只要买长 2m、宽 90cm 的布就可以了，或者也可以买 1m 长的布，把两块 1m 长的布缝起来。比起花或者动物等较为具体的图案，选用抽象的花纹和与沙发相配的颜色更好。图中采用的是 Marimeko 牌的"HUTERA"。

将一块巨大的木头嵌板切割成喜欢的尺寸，其长度和沙发长度相近，高 45cm 左右为佳，这样看起来较为平衡。用 4 到 5 个无痕钉固定。长度不超过 140cm 的嵌板也可在网上购买。

方法10
如果觉得还不够，那么再加一张板凳吧

板凳的高度一般为40~45cm，即使是一盆植物或一盏台灯放在上面也能变得醒目。除了可以放在正式的场合外，放在容易被人忽略的角落也是一个不错的选择。

小小的盆栽放在板凳上也会变得显眼起来。

★开始
在身边的板凳上摆上画框或台灯

身边有板凳的话，试着摆上花瓶、台灯、画框或是书。板凳无论搭配什么都不容易让人产生违和感（当然，行李或日用品除外）。

★选择
简单朴素的板凳最为百搭

简朴且毫无特色的板凳上无论放什么都显得很百搭。哪怕是便宜货也没关系，因为"小家具"并不容易产生廉价感。人多的时候也可派上用场，非常方便。

★重点

板凳生产商ARTEK的名作"STOOL60"

由芬兰工匠Alvar Aalto设计的"STOOL60"，其特征为有漂亮的三只脚。他耗费三年研究制作的"L-leg"系列是由部分弯曲的白桦木制成的，弯痕清晰，能够保持稳定。Aalto发明创造的这一技术可以说拯救了资源匮乏的芬兰。听说了这个故事，不禁令人由衷感叹"拥有一件实物是多么令人开心的事啊"。

从左到右依次是：学校素描室所用的旧板凳、边桌（稍后会有详细介绍）和"STOOL60"板凳。照明用品和花瓶是我的个人物品。

物品清单

板凳（照片右侧）："STOOL60"/ARTEK（芬兰品牌）
花盆：SERAX（比利时品牌）

第3课
什么时候开始改造呢? 推荐在季节变换的时候动手!

经常处于忙碌状态的"住惯了先生/小姐"还在思考着"是不是可以动手了呢?"的时候,时间就已经过去好几个月了。如果找不到合适时机,那么可以在季节变换的时候,或是完成了某件大事之后开始动手。

① 新年

新年新气象,应在此时制定一个计划。房间在经过大扫除后也变得比平常更为干净整洁。此时,非常适合制定改造计划,比如"在某处挂上装饰画""给墙壁换个颜色"等。

【推荐】
* 查看墙壁颜色的样本。
* 讨论合适的装饰画。
* 搜寻地毯(地毯等不太便宜的装饰品也有打折季)。

② 春

在这个忙碌的季节里，购买绿植是改造房屋最为简便的方法。孩子入学、工作变动等事情接踵而来，无不宣告着这是一个匆忙的季节。虽然有一颗急于改造的心，但总是腾不出时间。这时可以添置一些不难买到的绿植或是板凳。

【推荐】
* 添置超过 120cm 的绿植（天气渐暖，容易成活）。
* 购买板凳用于放置花瓶。

③ 初夏

夏天是修剪盆栽、整理庭院或阳台的好时期。如果还能再扩展一下，更换室内窗帘，就更能欣赏到令人心旷神怡的美景了。

【推荐】
* 试着换上透明薄纱窗帘。
* 动手刷油漆（比起冬天，夏天油漆干得更快）。

④ 秋

秋天是一个温馨的季节，让人忍不住留恋织布的触感。更换床单时，顺便也更换一下靠垫套吧。夜晚渐渐变长，还可以享受灯光。

【推荐】
* 光脚踩在坐垫或者地毯上试试。
* 添一盏间接照明灯。

⑤ 冬

冬季节日较多，万圣节、圣诞节、元旦等纷至沓来，此时可以重新布置装饰柜。

【推荐】
* 试着添置高为 25cm 左右的装饰品。
* 往墙上挂画，丰富装饰品。

Q&A
白色家具过多，我应该添置一些什么呢？

　　我喜欢简单自然的房间。但若白色家具过多，色调净是些白色和米黄色，那么房间就显得有些过于单调了。加些什么才能变得漂亮呢？

A | **搁板可以用和白色相配的米黄色来装饰。**

用于近距离观赏的搁板上，哪怕只是添加一些小玩意儿，也能够立刻体现出变化。白色和其他纯色的物品已经够多了，再试着添些色彩丰富的物品吧。粉色稍显甜腻，推荐成熟的蓝灰色或是翠绿色。浓重的色彩能够给白色的平面带来"深邃"的感觉。

后面灰绿色的嵌板配上翠绿的盆栽，显得更有格调。

A | 房间可以大面积改动。

白色的房间使从窗口照进来的阳光扩散开来，从而营造一个舒适的空间。对室内设计来说，白色也便于清洁整理，是非常容易给人好感的颜色类型。但是如果白色过多，房间则容易变得单调乏味。让我们保留白色的清洁感，在地毯或者家具等大面积范围内做一些改动吧。如果为了追求自然，而换上绿色的地毯，很容易显得过于突兀。在纯色的基础上加深一个色调，即便全是白色也能制造分界线，赋予房间沉稳变化的同时，又不破坏整体印象。

改造前

房间全部是白色，缺乏变化，让人觉得单调。

改造后

家具换成原木色，窗帘或地毯突出一个重点等，建议大面积改动这类地方。

Q&A
家具样式各异，无法统一，怎么办？

上一任主人留下来的家具或是很早以前买的物品塞满了整个房子，毫无章法可言，房间整体看起来特别混乱。如何改造这样很难统一的房间呢？

A 房子里保留着曾经喜欢的家具或是流传下来的老家具的现象是很常见的，并不是所有家庭都有成套统一的家具。这时候可以采用下列方法进行改造。

将颜色相近的家具摆在一起

虽然家具样式各异，但并不代表没有颜色相近的组合。像右下图那样把颜色相近的家具集中到一起，看起来更加协调。

用收纳箱等物品提高色彩的比例

增加家具的数量虽然是一件难事，但买些垃圾箱、板凳或是收纳箱的机会还是有的。用这类物品将身边的颜色相近的家具收纳起来，提高色彩比例，增强统一感。

改造前

图中家具 A~D 和收纳箱零散地分布在房间里。

改造后

把 A 和 D 的位置互换一下，颜色相近的家具放在一起，能增强统一感。

Q&A
有没有失败率为零的配色方法？

虽然我们对彩色墙壁很感兴趣，但由于害怕失败而迟迟不敢动手。难道就没有不会失败的方案吗？

A | ### 亲自确认，防止失败

前文我们提到了"首先选择自己喜欢的三种颜色，之后再从中确定一样"。为了防止失误，可以亲自对比确认一下。

对于视线接触时间较长的墙壁，最好避免用过于显眼的颜色。

墙壁颜色和家具过于接近的话，会让房间显得有些呆板。这时可以改变一下色彩的亮度。

墙壁面积过大时也要格外注意，同样的颜色，在面积更小的墙面上不容易显得灰暗。

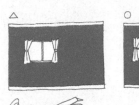

Conran Shop
品质保证，眼睛和心灵都能得到满足

新宿地铁站西口下车后换乘公交可达。可以在 Conran Shop 好好欣赏一下材质上佳的物品和陈列考究的橱窗。

东京堂（四谷三丁目）
手工花的天堂！

这是东京堂总店，专门出售手工花。大厦整体遍布了花朵和绿植。那里总是熙熙攘攘，上午去不会那么拥挤。

Unico
紧跟潮流，样式简单的小物件和织布

以织布为主，适合搭配家具的 Unico 小物件，同时具有休闲、时尚、好用这三种特质。

Benjamin Moore商店
（外苑前）
3600种彩色油漆

标志性的红色大门，3600 种整版颜色是店里的"镇店之宝"。运气好的话可以带走自己喜欢的颜色样板。

CIBONE与ACTUS
熟悉的两家店

向表参道方向走去，可以看见 CIBONE 和 ACTUS 两家店并立在路旁。可以在宽敞的店内悠闲地打发时光。

Doinel商店

拐进小路可以看见一家叫"Doinel"的可爱的小店，这里可以挑选到不少在别的地方买不到的好物件。

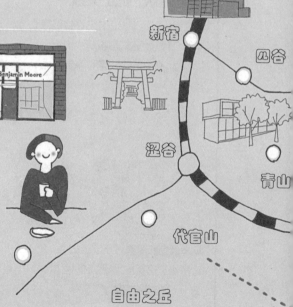

Sarasa Design商店
设计出色的日常用品

这家店铺以新颖设计而闻名，店内还出售水瓶等日常用品。在这之后还可以逛逛 HP.DECO 店。

CHECK&STRIPE（自由之丘店）
优质的天然布料

前文介绍嵌板时提到了这一品牌。它的产品为自然的织布制品，常用于家庭装饰中，和自然的家装风格十分相配。

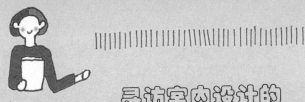

IDEE网站
适合软装的装饰画

IDEE 网站提倡"富有艺术感的生活"，可以在它的网店上淘到各种适合软装，而且价格适中的商品。

寻访室内设计的东京漫步之旅

相信凭借大家出众的品位，我们一定会在旅行地或是喜欢的商店里相遇的。这里介绍几家品位不凡的小店，供大家在周末与朋友约会前花上1小时的时间，慢慢欣赏。

东京

东京站

下班路上顺道逛逛丸之内大厦

Unico、IDEE、Conran Shop 等品牌在丸之内大厦和新丸之内大厦（日本东京的商业圈）均设有店铺。可以在下班后随便逛逛，或是周末来购物。

滨松町

SLOW HOUSE商店
颇具品位的花瓶和画框

SLOW HOUSE 商店有很多自然的花瓶、画框和绿植等装饰品，价格也十分公道。颇具品位、时尚感十足的花瓶或画框触手可及。

天王洲

ieno品牌店
质地优良的布料

这里有许多炫酷的布料，店里洋溢着温馨的氛围。

★Hatena的心声

我们团队在Hatena家工作到很晚,见到了刚回来的Hatena的丈夫和母亲。他们在进门的瞬间都忍不住惊呼了一声"哇!好漂亮啊!",脸上满是笑意。加分区的改造大功告成。

嘿嘿。

呀!

哇!很时髦嘛!

探望女儿的母亲。

下班回家的丈夫。

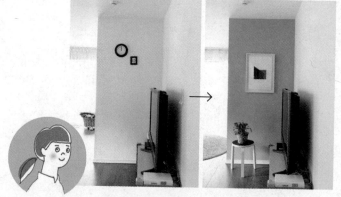

★无论从哪个角度望去,房间都十分漂亮

本章里,我们介绍了通过改造加分区来改变房间形象的方法。Hatena在给墙壁涂色之前还有些不安,但3天后就已经完全适应了这一变化,她很高兴地说:"环顾四周,整个房子都变得好看了。"即使远远看去也能明显感受到房间的变化,这一变化使得周围环境都变得漂亮起来了。

第2章
让被生活痕迹淹没的
"LDK"重新散发光彩

品质优良的家具在经过时间的打磨之后焕发出新的光彩。我们也想让自己的家能够随着时间的流逝，变得更加出色，但总是逃脱不了日增月长的无聊感……让我们试着用"室内设计的眼光"重新审视这不讨喜的生活痕迹。以新的眼光整理房间，早已看厌的"LDK"也能重新散发光彩。

方法11
为什么明明收拾过了，看起来还是不够整洁呢？

Hatena指着厨房问道："这里怎么改造才好呢？"无论怎么收拾看起来都还是不够整洁。偶尔放一下快递包裹，家里人马上就会往上面堆物品。对于这个问题，实在是不知道怎么办才好……

生活痕迹

居住在房子里的人们通过一举一动会残留生活痕迹。一日三餐或家族团聚等会留下温馨的生活痕迹，可如果总是想着"太麻烦了，就这样吧"，便会带来无聊的生活痕迹。即便是稍稍有些不好的生活感，也会使得这一沉闷的气氛加深，再怎么整理也很难改变。

沙发旁的杂物已经收到盒子里去了，但是……

柜台上放着包裹和钥

一口气解决边桌和收纳盒中的杂物吧！

试着放花瓶怎么样？

给日常的整理工作加点量

　　我的办法是，从"室内设计的角度"来收拾房间。从室内设计的角度出发有针对性地收拾打扫，房间一定会变得整洁起来，不好的生活感也会变得不那么明显了。

整理房间，让每一天都有好心情

　　只要每天都能认真整理房间，每次看见整洁的房间就会有好心情，"房间变漂亮"的感觉也会成倍增强。正是因为每天都很忙碌，所以更要减少毫无成效的整理。百闻不如一见，我们马上从Hatena家的厨房开始入手吧。

碗柜收拾得很整齐……

可惜的是还是有四个位置放错了。

改变平常的整理方式，从室内设计的视角入手

平常的方法 加入室内设计视角后的方法

哎呀！堆不下啦！

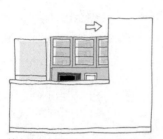

这个地方全露出来了，把它藏到后面看不见的地方去吧。

把大小不一的物品放在收纳箱里并摆放整齐就不会露出来了。

虽然都堆到一起了，但物品的大小不一致，很容易露出来。

总之这样就算完事了吧。

虽然整理好了，但还是能看到不整洁的地方，那就摆上一些装饰品来遮挡吧。

以室内设计为视角的"整理术"
给平常的收拾工作加量

1.注意会引人注目的地方
无论什么样的房间都有引人注目的地方和不起眼的角落。在放物品之前稍微考虑一下"这里是不是有些显眼？"，或许整理完之后就能带来很大的改变。

2.按颜色、种类、大小整理
把物品都排列整齐，看起来就会整洁许多。按照大小和颜色分开摆放，会给人整齐划一的感觉，"乱糟糟"的印象也就消失了。

3.用装饰品加以修饰
用大号收纳箱把杂物藏起来，或是用花瓶遮挡等，通过装饰品来隐藏杂物，可以使房间看起来更漂亮，瞬间就有了"室内设计"的感觉。

方法12
重点改造容易从餐厅看见的显眼位置

    LDK户型中最容易让人"想随手放杂物"的显眼位置，就是厨房料理台。对于没有时间收拾整个屋子的人来说，试着改造厨房内这一"极其引人注目"的地方必不可少。我们对Hatena厨房中的四个地方进行了改造，但仅仅改造这几个地方，就已经取得了良好的效果。

此次增加的装饰品有冰箱上的收纳盒，效果显著。收纳盒能够保证足够的收纳空间，而且由天然的原材料制成，不仅实用，而且增加了美感。

物品清单

冰箱上的收纳盒：巴斯克收纳盒 / IDEE（长46cm× 宽35cm× 高19cm）

★改造重点1
冰箱上面也非常醒目
冰箱上面的空间比较宽阔，很容易被堆上杂物，看起来有些扎眼。用收纳盒把杂物藏起来，可以增添房间的整洁感。

★改造重点2
十分显眼地放在碗柜上部
这个地方的理想状态是"什么都不要放"，但只是把杂物移到排气扇后面看不见的地方，也会让人觉得不那么乱了。

改造前

★改造重点3
想在冰箱门上贴物品的冲动
学校的通知、垃圾分类时间表、冰箱贴等，如果这些都忍不住想往冰箱上贴，可以贴在不显眼的侧面或是腰部以下的位置。

★改造重点4
料理台上随手放置的物品
料理台上随手放物品虽然很正常，但也容易显得扎眼。即便把物品集中到右边，空出左边区域，也能达到整洁的效果。

改造后

第4课
你家的厨房属于什么类型呢?

不同类型的厨房会在不同的地方产生生活感。好好认识自己的家,找到核心地带进行改造。

开放式厨房容易显得凌乱。如今,家庭中的厨房越来越有开放化的倾向。这种类型的厨房虽然能够在做饭时拉近家人之间的距离,但另一方面也使得厨房的凌乱一览无余。厨房的布局有很多类型,"凌乱的部分"也因此各有不同。我们先来看看下面的户型图,确定自己家的厨房属于哪一种类型。

"我们家是封闭式的,所以应该是这里""这里看起来很乱",确定了这些,就能找到需要优先处理的重点部分,就能进行精准的改造了。

半封闭式厨房

这是料理台和入口敞开型的厨房。从客厅可以完整地看见料理台。

封闭式厨房

这是被墙壁环绕的独立型厨房。通过过道可以看见的内部的墙壁,就是显眼的地方了。

半开放式厨房

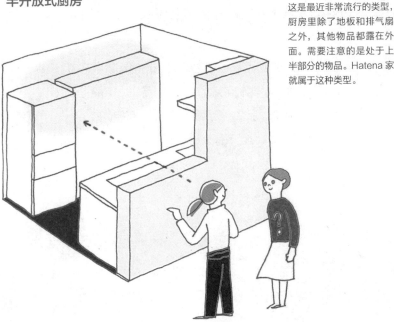

这是最近非常流行的类型，厨房里除了地板和排气扇之外，其他物品都露在外面。需要注意的是处于上半部分的物品。Hatena 家就属于这种类型。

开放式厨房①

开放式厨房有两种类型，这一种是新型开放式厨房，厨房内部一览无余，因此需要全方位注意。

开放式厨房②

这是旧型开放式厨房。可以看见大部分物品，而厨房上部的吊柜可以用于收纳。需要特别注意的厨房中央和地板。

方法13
用白色花瓶和鲜花来遮挡料理台

　　厨房里的物品每天都会用到，总有些"放在这里比较顺手"的地方。从远处就能感觉到浓浓的生活感，因此，不能将这些物品简单地藏起来。那么，就用花瓶和花来遮挡。有了花瓶的装饰，后面的杂物也就不那么显眼了。

花束就用白色和绿色的搭配吧。

改造前

这个地方不想被人看见。

全部都能看到呢！

★开始
从餐厅开始确认需要隐藏的地方

　　从不想被人看见的地方来反推花瓶的位置。Hatena在微波炉上随手放了不少便当盒和保鲜盒之类的物品。为了使人不容易在附近看见这些杂物，我们在吧台上放了一只花瓶。

改造后

★选择①
用不透明的花瓶遮挡厨房
花瓶在这里是为了起到遮挡的作用，如果用玻璃瓶的话，瓶身过于通透，还是能看见厨房。因此我们选择超过20cm高的不透明的大花瓶。白色花瓶放在房间里不算显眼，即使增加了新的物品也不会显得凌乱。

★选择②
用大束鲜花遮挡，可以营造生机勃勃的氛围
这个厨房属于半开放式，从料理台到天花板还有很大的空间，用较高的花束会更为美观。总体测算下来，虽然花束高达50cm，但并不会显得过大。这里用的是银叶树和素馨花。

鲜艳花朵容易显得杂乱，最好选择和房间颜色相配的白色或绿色的花朵。花瓶和花束的轮廓能够很好地起到遮挡作用。

物品清单
陶瓷花瓶：Slow House
闹钟：menu（丹麦）

方法14
倒U字形置物架的收纳能力是普通置物架的2倍，而且具有装饰作用

我们在进行收纳改造的计划时，每次都会觉得"要是有了它就可以收纳更多物品"，这个"它"就是倒U字形置物架。这是由一块带脚的平板做成的小桌台，可以有效利用空间，使桌面的收纳能力增加1倍。因为是木制品，所以就算放在桌面上也不会显出多少生活痕迹。

★开始
从测量摆放位置的尺寸入手
为了使置物架能够像量身定制般完美地收纳进碗柜，需要先测量一下碗柜的空间大小。配合碗柜的大小，自己动手制作置物架（制作方法见第120页）。照片中置物架尺寸为宽58cm×高20cm×深20cm。

★重点
如果能放下几个收纳箱就更完美了
如果把小桌台做成可以放进收纳箱的大小，看起来会更加整齐。这里我们刚好能放下两个无印良品"宽26cm×高16cm×深18cm"的收纳箱。

正因为这里能被看得一清二楚，所以细节就尤为重要。它像是一个小家具，能够很好地衬托出摆放在里面的物品。

改造前

Hatena家的碗柜很大，哪怕放着大家电也还有宽50cm以上的空间，而且还有足够的高度。这样的空间千万不要浪费了，可以充分利用起来。

摆物品时，空出一定间陈会更好看

简单到难以置信！

HERBAN ESSENTIALS®

下方的收纳箱里装着小块布料和点心之类的物品，桌上放着自己喜欢的红茶，这种收纳箱兼具收纳和装饰作用。

物品清单

收纳箱：有些重的长方形敞口盒 / 无印良品

改造后

Q&A
这些物品还是想贴在冰箱上，我怎么办？

虽然知道冰箱上贴单子不好看，但孩子的日程表、垃圾分类日程表等，还是贴在冰箱上比较方便。这种情况该怎么办？

A 注意冰箱的美观

在LDK的户型中，冰箱也是需要特别注意的地方。它的体积很大，巨大的冰箱门刚好适合贴磁铁，方便收纳，想利用起来也是无可厚非的。但要考虑到美观，不能随便乱贴。

要贴物品的话，最好避开正面

两全其美的办法就是利用冰箱侧面，贴在从客厅看不到的位置上，或是放在和墙壁相配的收纳箱里面。即使是贴在侧面，彩色的单子也最好集中贴在冰箱下半部分的位置。

正面看起来什么也没有。

虽然贴了不少，但由于是贴在侧面，从客厅看，一点儿也不显眼。

Q&A
我想在厨房搭一个工具台，用什么好呢？

我想在厨房搭一个新的工具台，把烹调用品都挂起来，方便取用。用什么材料，搭多大合适呢？

改造前　　　　　　　　　改造后

A 为了衬托烹调用品，工具台本身多倾向于选用黑色或者银色这样低调的颜色。尺寸太小会不上档次，一般90cm宽的墙壁，工具台做40cm到50cm宽就可以了。偷偷说一句，其实把烹调用具都挂起来这件事情本身就很有生活感。反观"改造前"的照片，可以看到锅盖、调味品，甚至还有橡皮圈，颇显杂乱。要谨慎挑选挂在外面的工具，让煤气灶周围看起来清爽利落。

方法15
效果显著的"腰下收纳法"

把房间里放在腰部以上位置的"没有固定位置"和"随手一放(贴)"的物品全都拿下来试试。由于我们生活在被桌子环绕的环境中，处于腰部以上位置的物品总是不经意间就会进入视线范围。因此，哪怕只是改变"随手乱放"这一习惯，房间也会看起来清爽很多。

把房间里腰部以上位置的物品、贴在墙壁上的物品、临时乱放的物品全部取下来。

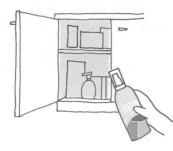

能藏的物品都藏起来

为了强化室内设计的效果，色彩鲜艳或者包装花哨的物品最好全部藏在柜子里。

取下贴在墙壁上的纸张

把墙上的便利贴、清单、孩子的画等物品全部取下来，集中贴在一个不显眼的地方。

需要放在外面的物品要摆放得错落有致

文具、药、驱虫喷雾等常用物品需要放在外面，这些可以放在不显眼的收纳箱里。

杂物都收起来放在腰部以下的位置，会使房间看起来十分整洁。

方法16
如何选择餐厅的照明?

可挑选的物品一旦变多，从中选出能够"长久使用"的物品就反而变得困难了。Hatena曾经问过我，如何选择餐厅的照明？我的答案是，不要和已有的装饰品冲突，最好选择和圆形餐桌相配的半圆形灯罩。

★开始
如果对款式举棋不定，可以配合餐桌的形状来挑选

配合餐桌的形状来选照明也是方法之一。如果是大圆桌，用一个吊灯来吸引视线，可以营造团聚的氛围。如果是长桌，可以用小灯泡来点缀，显得很时尚。

★重点
已经有灯的地方可以增加灯具

已经有灯的地方也可以增添落地灯或是"矮凳+台灯"的组合，让人充分享受在光线下生活的乐趣。

★选择
需要特别注意光线的品质

良好的灯具，自上而下照射下来的光线品质也会很高端。光源并不直接进入眼睛，而是通过灯罩的反射，散发柔和的光线。外表看起来差不多的灯具，价格上的差异也会很大，这正是因为光线品质不同。

照片中使用的是由设计师深泽直人为松下公司设计的"MODIFY"吊灯。餐厅侧面的墙壁上挂着时钟和日历，为了不和这些装饰冲突，吊灯选用了造型简单的白色灯具。当然，光线品质优良。

物品清单

照明用具：MODIFY Φ350（HGD1002W）/ Panasonic

方法17
对阳台稍作整理，也可以消灭"生活痕迹"

改造前

乍看之下没有什么大问题，但总能感觉到一些生活痕迹。

说起来可能会让大家觉得惊讶，阳台上也会留下"生活痕迹"。原因在于阳台上总是留着不用的花盆、剩下的泥土，以及随意扔在外面的营养剂等。这时候可以准备一个高高的水桶，用来整理阳台或是庭院。

★开始
准备一个高高的水桶，把工具都放在一起
准备一个能够放下长柄雨伞的桶，高度大约50cm，用来收纳之前散落在地板上的土或是花盆。

真的啊！

★选择
注意高度的平衡
阳台上放着很多绿植，因此收纳用具要选择一个可以让目光暂时移开的高度。这样才能营造平衡感。矮小的装饰品不够显眼。

★重点
选用成套的花盆，打造统一感
用两个配套的黑色花盆来打造统一感。不要选用白色或其他过于显眼的颜色，最好选择和栅栏或是地板相近的黑色。顺便一提，照片中使用的高23cm的花盆，宜家的价格约为50元。

POINT 1

POINT2

改造后的阳台增加了两个黑色花盆和三个水桶。把右边的小盆栽移植到黑色花盆里，废弃花盆等全部收进水桶里。这样一来，Hatena家原本就很漂亮的阳台看起来更整洁了。

物品清单

水桶：Konran shop
花盆（黑）：PAPAJA/宜家

改造后

方法18
可以放进家具空隙里的DIY边桌

　　沙发旁的空间很容易慢慢地塞满商品目录等各种杂物，变成仓库。在室内设计中，沙发旁的位置是能够体现沙发"格调"的重要空间。千万不要因为空间不够，就轻易放弃。Hatena家的沙发旁的空间宽度只有40cm，因此，我们打造了一个边桌。

制作方法
见第 112 页

改造前

这种状态大概无论怎么收拾，看起来都不会整齐的。

★开始
测量空隙大小，想象完成后的样子

首先测量这一空间的大小。35cm到40cm的宽度就足够放下边桌了。顺便也量一下沙发扶手的高度（不同的沙发，扶手的位置也不同）。边桌的高度最好略低于沙发扶手。照片中的沙发扶手高60cm。

★选择
准备一个收纳箱

在边桌下放一个收纳箱，用来收纳沙发旁堆积的杂物。收纳箱的种类很多，最好选择不显眼的黑色。此处我们使用了宜家"TJENA"收纳箱。

★重点
简单地突出沙发的存在

已经有了沙发和其他家具，如果再增添显眼的物品，空间看起来会很拥挤。因此，在这里我们使用了由两块木板拼成的带脚的置物架。准备好材料后，一天就能DIY成功。

用边桌来确保收纳空间。杂物不要从家具中露出来，看起来会更美观。

物品清单
台灯：电灯/EDGAR（德）
边桌下的收纳箱：TJENA/宜家

改造后

专栏
大扫除计划和60元的鲜花

实行大扫除的前一天

　　有了"明天要从早上开始大扫除"的念头之后，我总是先去一趟花店，买一束不到60元的鲜花。第二天开始打扫，却匆忙之间已经完全忘了花的存在。打扫的时候，整个人都热血沸腾，不停地移动、整理家具。房间一点一点变整洁了，太阳也渐渐落山了。这时，有一种目标达成的成就感。家是什么，室内设计又是什么？……比起我这啰唆的说明，在房间的一角静静绽放的花朵更能默默地表现出这一感觉。

循序渐进的收纳过程

　　优质的收纳不是一蹴而就的，而是需要一个循序渐进的过程。最开始，房间连杂物都放不下，肯定没想到还能摆上一束花。在大扫除开始之前，是不会想着"今天我们买束花装饰一下吧"。把杂物收拾好，给所有的物品找到恰当的存放位置，这是收纳的中期阶段。

大扫除结束之时

此时，收纳问题已经基本解决了。最后的阶段正是我们所讲述的"从室内设计的角度出发"。经过收纳和室内设计的一体化之后，每天都能生活在美丽清爽的环境中。这一阶段，才能注意到摆放在房间里的鲜花，才能有心情来欣赏房间。

"未来"是光明的

大家现在处于哪一阶段呢？无论在哪一阶段，都要始终憧憬着家的未来一定是光明的。我也不会忘记这一充满希望的目标，现在就带着鲜花出发吧！

方法19
涂鸦也是一种艺术
打造孩子的玩具角或是儿童画廊

　　看见孩子的随手涂鸦，我们忍不住大呼可爱。如果随便地贴起来，就容易显得很乱。那样就太可惜了。但如果能用胶带圈出一个区域，将它变成可爱的画廊，那么无论是大人还是孩子，都会感到高兴的。

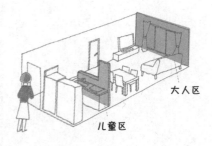

★选择

用喜欢的胶带随意地围出一个空间

胶带的颜色和边框的形状可以自由选择，但为了不让孩子的涂鸦画越出线外，最好稍微大一些。即使是不贴儿童画，也可以用来贴照片。

孩子的涂鸦虽然很可爱，但若贴得乱七八糟就会很影响观感。

大概贴在离地板 50cm 到 60cm 的地方，创造自己家的专属造型。

如果胶带做成的边框线过于显眼，可以用带花纹的胶带代替，视觉冲击会有所缓和。

普通的白色墙壁。

改造前

我们马上就把孩子的涂鸦画贴在了胶带
围合区域里面。就贴在放玩具的地方旁
边，看起来充满了童趣。Hatena 说，
这个空间一下子变得可爱起来了！

改造后

方法20
家族合影可以放在沙发旁

　　有孩子的家庭总是摆着孩子的照片或是家族合影。无论是什么内容的照片，放进相框里都是一个小小的纪念，是非常值得骄傲的物品。与其到处乱放，不如集中摆在沙发旁。劳累了一天，坐在沙发上，不经意间看到一旁的合影，就会情不自禁地露出笑脸。

孩子的作品（左）也可以用相框裱起来，看起来也是有模有样呢。

物品清单

相框（左）：RIBBA/宜家
相框（右）：MOSSEBO/宜家

★开始
留好空间，把照片放进相框里

Hatena家新添了边桌，我们把上面布置成了照片角。就算没有很大的空间，即使把照片都集中放在一起，也能做出一个温馨的小角落。相框不需要买太昂贵的，只要和身边的家具颜色统一，就能和房间融为一体，营造出温馨感。

★选择
选用白色衬纸的相框

玻璃和照片之间夹着的纸板叫作衬纸。衬纸露出的白色部分如果够宽，形成留白就能产生缓冲感，无论放什么照片或是画看起来都十分美观。

★重点
加工一下照片本身会更美观

把照片打印成深褐色、黑色、白色，或是只裁下令人印象深刻的一部分放进相框里，便能更加美观。

如果不想让照片太显眼，可以在前面放
一个香薰灯之类的物品稍微遮一下。

物品清单

木马摆件：AREAWARE（美国）
香薰灯：Baronessa Cali（美国）
收纳盒：Unico

改造后

方法21
能够消除生活痕迹的小神器，现在就试试吧

　　这次改造中，Hatena经常说的一句话就是"真的啊，只要稍微改动一下就有变化了"。在这里我们收集了很多"稍加改动即可"的神器，它们可以在你无计可施的时候，带给你一些启发。

传真机旁边增加了同一色系的相框，房间里其他显眼的电器旁边也可以用同色系的可爱装饰品来缓和突兀感。

收纳箱
换成高度可以挡住里面物品的收纳箱

放在收纳箱里还能看出来是什么物品的话，就不叫收纳了。换成高度能够挡住里面物品的收纳箱，看起来比较美观。

颜色
不确定是否放在外面，就看看房间里是否有相同颜色

这件物品虽然很可爱，但拿不准该不该放在外面。这时，可以看看房间里有没有相同颜色，没有的话一定要藏起来。最好不要随便增加房间里的颜色。

烹调用品
料理台上露出来的烹调用品全移到看不见的地方

最近，开始流行低矮的料理台。从餐厅里可以看见筷子等餐具，很容易产生生活痕迹。因此，最好把它们都移到厨房旁边的固定位置。

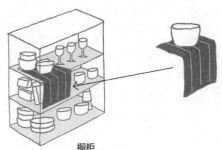

橱柜
橱柜里不想让人看见的物品可以用布盖起来

橱柜太乱的时候，可以从架子上垂下一块布，盖住想遮起来的地方。适用于仅仅想隐藏一部分物品的时候。

文件与盒子
如果都是长方形收纳用品，可以加上圆形的物品

四方形的收纳用品看起来虽然很整齐，但如果全都是这个形状，会让家里看起来和办公室一样。这时可以加上圆形的物品来缓和一下。

笔架
用两个一样的笔架看起来更统一

笔架用两个一样的，如果能和房间里的其他颜色契合，就更好了。

固定位置
文具只留常用的，其他都收起来

虽然文具都有固定的摆放位置，但如果太多了也很容易产生生活痕迹。只把常用的留在外面，其他都收起来。

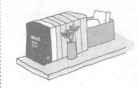

小花瓶
百搭的小花瓶

放一束鲜花可以让房间变得温馨，同时也能够吸引人们的视线。书架、照片摆台等没什么生气的地方都可以放一个小花瓶，增添一抹亮色。

Q&A
关于浴室、卧室和玄关有哪些问题？

　　除了"LDK"还有一些容易产生生活痕迹的地方，这些地方该怎么办？

Q | 浴室的小窗户要怎么装饰才好看？

A 浴室的小窗户带点工业风，特别是黑色的窗框更容易给人严肃的感觉。窗子虽小，但也不能少了窗子该有的感觉。试着放一个直径20cm左右的闹钟，遮住窗框，可以起到缓和作用。

改造前

无论放什么都感觉不合适。

改造后

虽然稍微挡住了一些光线，但黑色闹钟和窗框十分相配。

Q 卧室的装饰画看起来很拥挤，是不是取下来会比较好？

A 的确如此，卧室的作用是供人休息，若躺在枕头上还能看见很多画，会让有些人觉得烦躁。装饰画最好挂在枕头后面或是身体侧面的位置上。

改变一下画的位置看着就不会碍眼了

Q 如何活用玄关的壁龛？

A 壁龛原本是建房子的人好心留下的，觉得这里的空间也可以利用起来，但反而带来很多麻烦。由于空间太小，为了看起来不太凌乱，只能放一些"白色的物品"或是"玩具车"和"木头玩具"，这样看起来会比较整齐。

为了给客人留下好印象，不要在玄关放物品，而要不经意地做些装饰。

★Hatena的心声

这些触手可及的小变化会让心情变得快乐起来。Hatena在看到这些物品后也都不断地发出"呀！""哇！""这是什么啊！""这是哪里买的？"之类的赞叹声。

还是尝试DIY呢？

我非常喜欢这个！

买两个无印良品的收纳盒就可以了。

★爱上每天的生活

在本章中，我们以室内设计角度，对LDK进行改造，消除了家里的生活痕迹。不方便使用的地方变得顺手了，外观也好看了，改造的喜悦感成倍增加。Hatena想，这是让自己爱上生活的最直接的方法了。

第3章
对乱七八糟的"那个房间"出手吧

我认为，家和人一样，死守规矩是很无趣的。整齐的房间也有凌乱的角落。这些好与坏加起来，才是家的可爱之处。所以对乱七八糟的"那个房间"，不用抱着"赶走恶鬼"的态度，而应该怀着"好好对待自己的家"的心情去改造。

第5课
谁家都有一两个不易整理的房间

　　我跟Hatena说："你们家比你形容的要整洁。"她意味深长地回应道："你是没看见那个房间，如果看见了，你就不会这么说了。"接着，她带我去了孩子的房间。这里的物品可真够多的。Hatena说："看，我没有夸张吧。"孩子一天天长大，比起把他的房间改造得时尚漂亮，我们更想打造一个能让他每天开心的空间。真是可怜天下父母心！

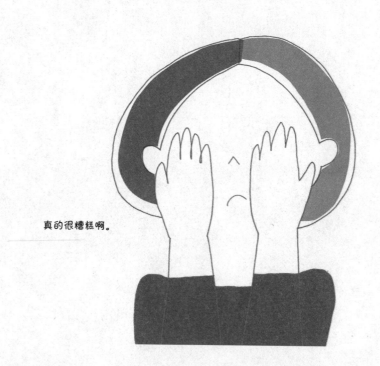

真的很糟糕啊。

首先要做一件事

　　虽说"不够整齐"，但也算干净了。如果说物品没有放回原位，到处乱扔属于1级，而床上堆满物品，房间乱七八糟属于5级的话，那么，这个房间算是3.5级。想着必须整理，就觉得头疼。先冷静下来，用数据来分析目前的状况。这样，就改变了一开始的抗拒心理，可以迈出第一步了。

这是孩子的房间，一定要让它重获新生

　　房间混乱等级超过3级的时候，有两个解决办法。第一，物品整理法。即：重新决定每件物品的摆放位置。第二，房间重整法。即：重新调整家具的位置。如果只是储藏室，可以用第一个方法。但这是孩子的房间，是孩子游戏、学习、成长的重要空间。重整房间，创造一个整洁的环境才是正确选择。决定这一基本方针后，就开始动手吧！

因为是孩子成长的重要空间，要从整理到设计，让房间"重获新生"。

让 Hatena 烦恼的房间，装满了物品，连床上也堆着物品。

第6课
让混乱的房间重获新生的法则

房间整理要多久？哪个地方最难整理？怎么样才算整理好了？我们用简单易懂的图示进行说明。

开始

零乱的杂物森林

1 为什么？找到凌乱的原因

* 收纳空间够吗？
* 收拾起来方便吗？
* 制定整理计划

紧要关头一个接一个的上坡路

2 收拾物品

* 扔掉明显没用的物品
* 挪走多余的家具
* 不用的物品放到柜子里

一开始就要处理掉空箱子和旧文件等没用的物品，这样一来，就能对杂物的数量心中有数。

一开始不知道从何做起，找到原因后再动手。

可以看见好风景了

4 | 装饰

* 在空白的墙壁上贴上海报
* 更换窗帘或者地毯
* 添加充满美好回忆的装饰品

成功

成果

3 | 放进新家具

* 放进新家具
* 只留下新家具要用的物品
* 将物品摆放在固定位置

好厉害!

放进新家具后,之前的凌乱奇迹般地消失了。重新调整物品的位置,可以转换心情。

房间会陪着孩子成长,因此不用设置预算,按喜欢的方式进行装饰即可。随着房间颜色的统一,物品的归类,房间也重获新生了!

这时到了整理的难关!房间里的物品摊开来后,多得惊人,让人不由的担心。不用担心,越过这个难关就能看到成果。

分析原因，问题出在家具上

　　乱七八糟的房间里到处都摆满了各种物品。由于收纳的地方太少，导致放在外面的物品太多。"让房间重获新生"，是要让"物品"和"收纳空间"平衡。

　　Hatena家虽然家具多，但收纳空间还是不足。这时，可以更换新家具，随着收纳空间的增加，房间也会变得好看。

原来如此！

由于房间纵深不同，家具也不在一条线上，高度参差不齐。这也是看起来不整洁的原因之一。我们不妨换掉图中两个书架。

改造前 ————————→ 改造后

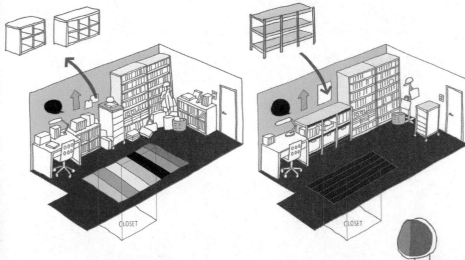

这是目前房间的状态。有两个放课本的书架，收纳空间非常狭小。我们把书架合并成一个，用起来更顺手。

这是模拟完成图。撤掉两个书架，放进新家具，不仅提升了收纳能力，使用起来也更加顺手，外观也更好看。

找到凌乱的原因，进行改造

① 将两个书架合并为一个 ————→ 相同的物品都放在一起，用起来更顺手

② 新家具的长度为一只手臂的长度 ——→ 看起来更清爽

③ 书和画笔全部放进新家具里 ——→ 不要制造放不下的物品

④ 把柜子和衣架移到门旁边 ——→ 把房间深处不同的家具整理到一起

尽可能地塞满收纳柜，减少外面的物品

　　虽说换了新家具，但还是有必要丢掉不必要的物品，并对物品分门别类。我们按照①到⑤的顺序来收拾。说起来简单，这其实是一项大工程。虽然既无聊又麻烦，但只要攻克了这一难关，就离成功不远了。①~⑤中，第④步十分重要。尽可能找出"不能扔但也不怎么用的物品"，找到固定的摆放位置（放进壁橱或箱子里）。

①扔掉没有用的物品

★**重点①**

从简单移动的步骤入手！

保留还不能确定要不要用的物品，扔掉旧文件、空箱子等明显没用的物品。

②拿出旧书架里面的物品

撤掉桌子旁边的书架。

把里面的物品清空。

③把拿出来的物品分成"现在要用"和"现在不用"的两类

★重点②
一口气分好类，然后进行下一步
虽然房间堆满了物品，但不要沮丧。分类并不是为了知道使用频率，而是为了在下一步把现在不需要的物品放进壁橱里，因此没有必要分得太细。

要用的

不用的

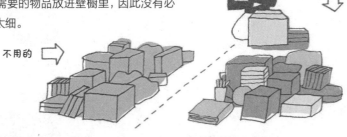

④把不用的物品放进壁橱里

改造前

看到这张照片，如果会觉得"哪里有问题呢？"，说明你可能没有充分利用收纳空间。

收拾的时候，要遵循"先全部清空"的原则。在全部清空的状态下比较容易制定计划。因为物品就这么放着的话，很容易让人产生"就这样吧"的感觉。

改造后

利用旧家具制造简易置物架，增加收纳空间。置物架上方可以放一些较轻的空玩具盒子，下方的纸箱可以放一些不用的书。

⑤剩下的物品放进家具里

补习资料 ↓

工具和玩具 ↓

上学要用的物品

★重点③
剩下的物品要分类放进新家具里
把暂时不用的物品放进壁橱里之后，房间里就只剩下现在要用的物品了，我们把它们都放进新家具里。这时，可以把相同用处的物品分类，放在地板上，这样就能清楚地知道物品的数量了。记住不需要的物品一定要处理掉。

用DIY家具让房间焕然一新

　　物品整理好之后，可以在房间里放新家具了。旧家具移走之后空出了宽度为144cm的空间，比想象的还要大很多。为了能收纳更多的物品，虽然我们也考虑过用比较高大的家具，但因为高大的家具容易给人压迫感，所以我们决定把高度设置在91cm，设计并制作了轻便的置物架。那么开始动手吧！

哇

原有的家具过于细长，看起来会比实际上要凌乱很多。

★重点①

使用触手可及的开放式置物架
孩子的房间最好选用方便取用物品的开放式置物架。书本立在上层，下面的箱子可以用来放绘画工具或玩具。

置物架可以自己DIY，制作方法见第115页。

宽 140cm 的长条置物架既没有明显的家具轮廓也没有凹凸感，看起来非常清爽。Hatena说："房间像是变大了。"

改造后

★重点②

孩子的房间里要用能放下A4纸大小的收纳盒

孩子房间里会有很多学习用品，最好选择可以放下A4纸大小的收纳盒（这一DIY的置物架也设计成了能放下A4纸的尺寸）。此外，如果柜子太深，拿书的时候会很不方便，因此深度最好设置在30cm左右。

★重点③

像私人定制一样合适的DIY效果

虽然DIY并不是必需的，但如果能自己制作大小正好的家具，就不会把空间浪费在陈设上，也许就可以扩大房间的收纳容量。

置物架前面的板子用了和学校黑板一样的材料，可以在上面书写物品的名称，整理起来也更有好心情。

改造前

家具都挤在一起，拿、放物品都很不方便。我们把白色书架移到了卧室里，把堆在里面的书和学习用品放进了壁橱里。

改造后

把柜子移到原来放白色书架的地方，衣服架也移到里面，这样大书柜里的书就比较容易拿了。

Q&A
孩子的家具怎么选比较好？

　　孩子上学的时候，想给他买一台学习机，除此以外还需要注意哪些方面呢？我在创业之前曾经从事过家具设计的工作。以那时候的经验来看，给孩子买家具时，需要注意"成长"带来的变化。

A | 收纳用品有多种功能

孩子上小学时会有很多玩具，长大后又增加了书和运动用品。要有预见性地准备具有多种功能的收纳家具。

椅子很重要

从上小学到长大成人，孩子平均都会长高40cm到50cm。选用能够调节高度的旋转椅对身体比较好。刚上学比较矮的时候，可以把椅子调高，以缩短和桌子的距离。桌子设计为方便成人进出的高度，与身高不搭的时候，要调整椅子的高度。孩子长高后，椅子高度也随着身高进行调整。现在市面上有很多儿童用的旋转椅。

4 | 装饰

改造成孩子长大后也可以使用的房间

　　这里要稍微装饰一下，让房间有室内设计的感觉。孩子长大后，幼儿园或者小学时那种未经雕琢的夸张装饰也慢慢变得不合适了。可以给手边的物品增添一些有品位的颜色，这样，即便孩子长大了，也可以营造出合适的氛围。这样一来，更能加深孩子对房间的留恋之情。

好可爱!

★重点①
书架和置物架之间有一定的高度差，可以在旁边贴上大幅海报来保持视觉上的平衡。

★重点②
如果是女生的房间，可以在粉色的基础上增加一些灰色或白色的物品，打造成复古风，看起来会很可爱。

改造前，Hatena 在搬进这栋房子里的时候，选了绿色壁纸和两块宜家的黑板。后来我们增加的海报、地毯、文件夹基本上都是藏青色（置物架是前面的板子还没有被做成黑板时的样子）。

把一部分原木色换成统一的单色，元素换成
英文字母，打造出即使孩子长大了也同样适
用的氛围。如果窗帘之类的物品也能够自己
动手制作的话就不会增加成本了。

物品清单

海报：字母海报 /SNUG.STUDIO（德国）
地毯：SOFTEN/ 宜家
文件夹：G-boxPP/ 特大号

方法22
不需要缝纫，就能做好的遮挡窗帘

　　孩子房间的窗户一般都是没有窗帘轨道的小窗户。选用的是能在透光的同时稍微保有一点隐私，并且不需要花太多工夫（还有预算）很快就能做好的窗帘。我们制作的是不需要缝纫，只用热压自粘胶带就能做好的窗帘，擅长手工的话也可以用缝纫的方法。

★重点①
和其他物品相配的黑色花纹
由于墙壁是绿色的，我们选用了较为收敛的白色来做窗帘。为了搭配黑板和字母海报，用了黑色布料来做花纹，整体看上去更有统一感。

把正方形的布片斜着剪成两个三角形。

★重点②
花纹看起来更可爱
贴上花纹看起来更有手工感，变成了一幅"特制"的窗帘。大家也一定要试试看。花纹的选择可以多种多样，这次，我们把黑色的正方形布片剪成了两个三角形。自几年前丹麦的家居品牌"HAY"兴盛开始，方格和三角形主题就开始流行了起来。

用支棍挂起来的窗帘虽然看似简单，但效果还是不错的。

太大了……

方法23
用充满回忆的童装来制作英文字母

　　整理物品的时候，我们一般都会处理小时候穿过的童装，为何不试着用孩子曾经喜欢的衣服来做成英文字母呢？在告别过去的时光后，稍微花点工夫就可以留下形状可爱的物品。

在纸壳做成的英文字母芯上贴上剪下的衣服（制作方式参见第125页）。

★重点①
关键在于厚度
为了看起来不太廉价，可以用厚一点的纸壳，并且审视一下花纹是否适合装饰房间。

★重点②
简单易成的形状
原本想做成孩子名字的缩写，但像"OSC"这样圆圆的字母或是"AWK"这样尖尖的字母形状都很难做，推荐制作"HLT"这样的直线型字母。

★重点③
不好做的时候就用直线
如果把纸壳做成四边形的平板就更简单了。

★Hatena的心声

"我儿子也很喜欢自己房间的新置物架，马上就开始用了。"凌乱的"那个房间"被收拾整齐后，Hatena自言自语道，"家里整齐，心情真好啊！"

我现在的心情像是刚参加完文化节。

谢谢！

★改造计划愉快地完成了

本章中，我们解决了很多家庭都会有的"那个房间"的收纳问题。这一大规模的项目做完后，格外有成就感。工作的最后一天，我和Hatena一边整理房间一边互相说道"总感觉有些不舍呢""我还会再来玩的"，然后离开了Hatena家。

第4章
DIY家具的制作方法

我们离开了Hatena家，从被当成了工作室的我自己家来进行说明。接下来会给大家介绍在前3章中出现的"DIY家具"的制作方法，以及如何使用这些家具的"搭配建议"。希望那些原本觉得自己不会做家具的人看后也会觉得"哇，原来这样也可以啊"。毕竟了解一样物品才是一切的开始嘛！

我的秘密实验室
自己动手制作家具

　　比起DIY手工艺术品，按照自己的心情不经意地创造出心怡的家具，其实感觉更好。这些物品具有作为生活用品的温度，即便放在翻新后的房间里也不会觉得多余。为了能够体现出不同的用处，让其能经常被使用，也为了能使其迅速融合进住宅中，我们一般会采用四方形的设计。

★搭配01
能够衬托出边桌的藏青色玄关
把DIY的手工边桌放在藏青色墙壁前，就形成了一个小小的玄关。边桌顶上面向客人放着花束和25cm的花瓶，看起来很华丽。隔板上的托盘用来放钥匙之类的小物件。虽然藏青色的墙壁看起来会显得有些凝重，但加上白色的家具和地板，一下子就变得轻快了。

★搭配02
高出一筹的简单制作方法
在第3章提到的置物架中又增加了衣帽架。不增加房间里的颜色，而只是增加物品的数量，看起来会更为高级。家具颜色固定在白色到褐色之间，用一些没什么实际用处的小玩意儿或者书籍等形状各异的物品进行装饰，就不会显得单调了（这里全部都是我的私人物品）。

我的秘密实验室
我的DIY特点

　　我的职业生涯是从家具设计开始的。学习木材的知识、在工厂向工人请教加工方法、画图……20多岁的自己就是在这手忙脚乱之间一点点积累经验的。

　　从这些经验来看，用于家庭生活的家具一定不能过于寒酸。如果想用家具建材市场能买到的材料做出可以长时间使用的家具，要怎么做呢？在反复的试验、润色中，需要注意以下四点。

结构简单的家具也会由于隔板的位置、大小等微妙差别呈现出不同的效果。要准确计算出能够放下A4 纸的大小，找到看起来更为美观的平衡点。

★重点①
使用方便操作的材料"厚芯板"

实木厚芯板是用柔软的马六甲方料包上坚硬的合成板制作而成的家具板材。由于没有木头节子,所以很好打螺丝钉,操作方便。亚洲木材多是偏白色的,从美观上来说也无可挑剔。此外,在家具建材市场能轻易买到,推荐指数五颗星。

★重点②
用胶带正式开始"润色"

在实木厚芯板上贴上颜色相同的木头胶带,可以隐藏木头的切口和钉子留下的痕迹(看一下手边的木材就能分辨出来)。去掉碍眼的钉子痕迹后,手工痕迹一下就消失了,看起来就是完美的家具了。

★重点③
用电钻时要牢记"一秒旋转"的原则

电钻是制作过程中不可或缺的工具。不习惯用电钻的女生一定要牢记"一秒旋转"原则,一秒一秒地往下按。力度要适当地增大或减小,这样才能顺利地打钉子和拔钉子。顺便一提,我们家比较爱用"Bosch GSR 10.8 V"的电钻,好拿,且力度够大。

★重点④
自己用钉子固定木板,在家具建材中心裁大小

钉木头用的不是牛角钉,而是木工用的细长螺丝钉。这种钉子不容易松动,薄木板也不容易被割坏。此外,厚芯板一般都是整块地卖,可以利用家具建材中心的免费裁剪服务,把它切成合适的尺寸。

桌板
隔板
桌腿 A
桌腿 B

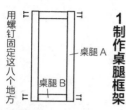

用螺钉固定这八个地方

桌腿 A
桌腿 B

1 制作桌腿框架

DIY｜基础

边桌的制作方法

　　用木头框架就能做成的轻便带腿边桌。虽然从做法上看不出用了钉子，但其实是用小小的花纹掩盖住了，并做了些润色。

①

像上图这样把两根桌腿 B 钉在桌腿 A 的侧面。

1cm　1.5cm

②

在距 A 的顶端 1.5cm、2.5cm 的位置画两条线（在这个位置打钉子，因为要隐藏钉子，可能多少会有点误差）。

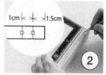

③

在标记好的位置打进钉子，要穿透桌腿 A。

要点

④

让钉子在桌腿 A 上稍微露出一部分（钉子的尖头插入桌腿 B 中，更容易确定位置）。

⑤

把钉子的尖头打进桌腿 B 中，让两根桌腿垂直，再打进一根钉子固定住（多往里面打进 1 ~ 2mm 的深度，不要让钉子露出来）。

材料：

边桌本身采用了厚 18mm 的实木厚芯板。

* 桌腿 A（宽 40mm× 长 582mm）4 根
* 桌腿 B（宽 40mm× 长 240mm）4 根
* 桌板（宽 340mm× 长 420mm）1 块
* 隔板（宽 320mm× 长 364mm）1 块
* 细长螺钉（固定腿部：3.8mm×75mm）16 根
　　　　　（固定桌板：3.8mm×50mm）6 根
*L 形金属零件（20mm×20mm）4 个
*L 形金属零件：皿头光面螺钉
　　　　　（3mm×16mm）8 根
* 木头胶带（原木色）：宽 18mm× 长 10mm

工具：

* 电动螺丝刀
* 砂纸（200 号）若干

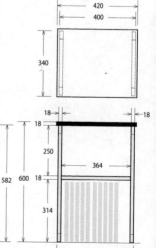

（mm）

(6)

电钻用起来不方便的话，可以把桌腿放在隔板上操作。

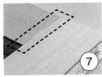
(7)

A 和 B 的连接处保持平整不要留下缝隙。

(8)

在标记好的位置上打进两根钉子。

(9)

一定不要让钉子露出来。

这是打进两根钉子之后的样子。

B　　B
A (10)

另一端同样和B钉在一起。

(11)

对另一条桌腿A采取同样的步骤。

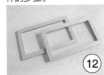
(12)

重复②～⑩的步骤完成两个桌腿框架。

---

2 制作桌板

这个边桌设计成了桌腿略有些"外八"的样子。

(1)

在桌板背面标记上桌腿的位置（此处一定要正确测量）。

1.3cm　　　　　1.3cm

1cm

桌板背面

前 ↓

1cm

呈倒 U 形画线

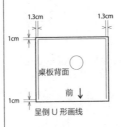
前
(2)

把桌腿放在标记好的位置上。

(3)

用固定桌板的三根钉子固定住桌腿的框架，位置如下图所示。

3.5cm

中点

3.5cm

① ③ ②
(4)

按照①到③的顺序打钉子。

(5)

另一侧的桌腿框架也用同样的方法固定。

(6)

这是装好桌板后的样子。

3 制作隔板

(1)

把 L 形金属零件放在隔板的四个角上。

1cm

桌板背面

前 ↓

2.5cm

把 L 形金属零件放在隔板的四个角上。

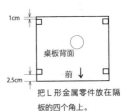

②

在隔板的背面标记金属零件的固定位置。

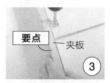

要点

一夹板

③

用配套的螺钉把 L 形金属零件固定住，在隔板侧面加上夹板，零件就不会从隔板旁边露出来。

背面

④

按照画好的位置把 L 形金属零件安装在隔板上。

背面

在这一面安装零件

⑤

把边桌翻过来，在桌腿上标记好隔板的位置（隔板的位置可以根据个人喜好进行调整，但这回我们留出了能放下 A4 纸大小的距离）。

背面

⑥

把边桌横放在地板上，在画好的位置上安装零件。这样一来，置物架就完成了。

4 贴上润色用的木头胶带

①

用砂纸打磨桌腿（这样更容易贴上胶带）。

②

先用剪刀剪好木头胶带。

③

把剪好的胶带的一端贴在桌腿上端。一边撕开隔离纸，一边把胶带贴在桌腿上。

④

笔直地贴好胶带，不要露出桌腿。

⑤

贴到底部的时候用剪刀剪掉多余部分。

要点

⑥

在桌腿上放一块夹板，从里面开始用切刀切断胶带（重复2~3次，沿着刀刃慢慢切，就能切得很整齐）。

⑦

这是贴好木头胶带后的样子。

⑧

同样的方法，在隔板和桌板的前面和侧面也贴上胶带。

⑨

放不了夹板的地方可以用手按住胶带进行切割。

⑩

桌腿框架的内侧也贴上胶带。角落等不好贴的地方，可以用布或者夹板用力按住来贴。

⑪

从桌腿底往上看，能够看见的部分全部贴上胶带。

⑫

做好了！

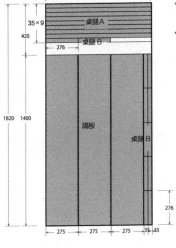

DIV｜应用

置物架的制作方法

　　有效运用边桌框架的制作方法，就能做出大的置物架。大的置物架中，桌腿的数量也相应地增加了，要用高效的方法来做。

材料：

置物架本身采用了厚 21mm 的实木厚芯板。

* 桌腿 A（宽 35mm×长 910mm）8 根
* 桌腿 B（宽 35mm×长 276mm）12 根
* 隔板（宽 275mm×长 1400mm）3 块

前挡板采用了厚 6mm 的贝壳杉木。

* 前挡板 A（宽 50mm×长 438mm）3 块
* 前挡板 B（宽 50mm×长 439mm）6 块
* 细长螺钉（桌腿固定用：3.6mm×75mm）48 根
（隔板固定用：3.8mm×50mm）48 根
* 原木色木头胶带宽 21mm，长 10mm~15mm

工具：

* 电动螺丝刀
* 砂纸（200 号）若干

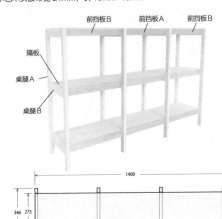

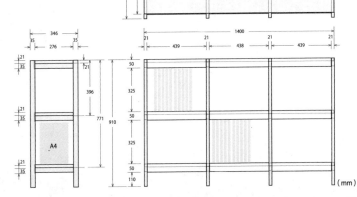

＊前挡板还具有加固作用，因此一定要装。

＊这一次为了打造一个轻便的置物架，只用了桌腿框架和隔板的组合，如果想更结实，可以再做一个背板。

(mm)

115

1 制作桌腿框架（四只桌腿）

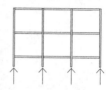

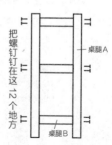

把螺钉钉在这12个地方

桌腿A

桌腿B

和边桌的桌腿框架的制作方法一样，只是桌腿B的位置和数量不同。

①

把两根A并排摆放，在安装B的位置上做记号。位置如下图所示。

横杠的安装位置

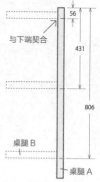

与下端契合

56

431

806

桌腿B

桌腿A

能够精确放入A4纸的尺寸。

要点

②

为了提高工作效率，可以同时在左右两边的桌腿上画线。

③

基本上和做边桌的时候一样，把两根A和B组合起来。

④

在A上装上三根B后的样子。

⑤

再把另一根A装在三根B上，这样就完成了桌腿框架的一边了。

⑥

用剩下的板条再做三个这样的框架。以做好的框架为基础，在另外三个板条上标记好安装位置。这样更节省时间。

⑦

这是重复上述步骤后得到的四个桌腿框架。

---

2 装上隔板（三块）

和有桌板的边桌不同，置物架的隔板是要插在架子中间的。因此安装隔板的方法稍有不同。

	A	B	C	D
上→				
中→				
下→				

前

①

把做好的四个桌腿框架合在一起立起来（判断把哪个放在前面）。

要点

②

在排列好的四个桌腿框架中，插入底部的隔板（有些地方可能会很难插进去）。

③

从两侧的桌腿框架开始固定，首先把隔板"D下"和桌腿的右端合在一起，从桌腿下方打进四根钉子（螺钉的位置适当即可）。

④

按照先"D中"后"D上"的顺序用四个钉子固定住，桌腿框架D装好之后，框架A也用同样的方式进行安装。

(5)

两端的桌腿框架 A、D 用钉子装好后，再来决定中间 B、C 两个桌腿框架的位置。

贝壳杉木　　**要点**　　(6)

这时，以前挡板 B 为量尺来决定 B、C 的位置会更快。

前挡板 B
隔板里面
内侧桌腿框架 D

按照前挡板 B 的大小在图中的三个位置做好标记。

(7)

标记好桌腿框架 B、C 的安装位置后，在这些地方打进四根钉子，固定隔板。

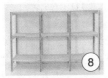

(8)

这是打好钉子之后的样子。

---

3 用木头胶带润色

要点　(1)

由于要贴的地方有很多，事先把胶带剪好，胶带长度要比实际长度更长。

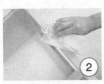

(2)

用砂纸抛光要贴胶带的地方，然后贴上胶带。

(3)

将框架正面、内侧、横杠里面等可以看见的地方全都贴上胶带。

(4)

用尺子紧紧地压住胶带，再切掉多余部分。

(5)

不要忘记在桌腿框架上方也贴上胶带。

---

4 贴上前挡板

前挡板 B　前挡板 A　前挡板 B

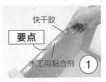

快干胶　　**要点**　　木工用黏合剂　(1)

把快干胶和木工用黏合剂交替着涂在挡板侧边这六个地方（为了不让胶水漏下来，要把置物架放倒后再操作）。

(2)

在隔板两端安上前挡板 B，与隔板形成一个平面后再往上贴。

＊这是把挡板和隔板贴在一起后的侧视图。隔板
前挡板

(3)

在胶水干掉之前一定要按住。

(4)

同样，在中间的隔板上也贴上前挡板 A。

(5)

大功告成！

117

★搭配03

旅行爱好者的房间，充满个性的装饰方法

手工艺品和具有民族风的收纳盒都是充满个性的装饰品。在白色的房间里格外显眼的摩洛哥特产在温和的黄色墙壁上，与土耳其手工绒毯十分和谐。视觉感强烈的物品要和浓烈的色彩放在一起来保持平衡，这个法则也适用于角落的装饰。同样的置物架由于摆放的物品不同也会呈现出不同的效果。

★搭配04

打造室内小窗帘

把边桌的桌板和隔板换成旧木头，就能变成户外风格。把窗边几块30cm左右宽的三角瓷砖盖上，再放上家具，就形成了一个小小的绿植角。把和植物与旧木头相配的小玩意儿和字母放在边上装饰。即便没有阳台，也能在这里惬意地享受一抹绿色。

倒U形置物架的制作方法

适用于需要稍微增加一点儿收纳空间的时候增设的轻便的小置物架。用"斜钉法"打钉子的方法，不需要用到L形金属零件，做好后看不见钉子，非常美观。

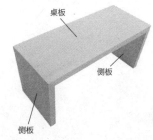
桌板

侧板

侧板

准备工作：
A. 通过摆放位置来决定倒U形置物架的尺寸。
B. 把厚芯板裁成需要的尺寸。

材料
置物架本身采用18mm厚的实木厚芯板
* 桌板 1块
* 侧板 2块
* 木头胶带
* 细长螺钉（3.8mm×50mm）4根

工具：
* 电动螺丝刀

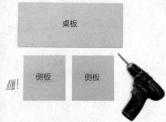
桌板

侧板　侧板

不会用"斜钉法"的话，用L形金属零件或者直接打螺钉也可以。

120

---

1 用斜钉法安装侧板

① 在侧板两端画线。

⊢25⊣
25
(mm)

② 在距侧板侧面25mm宽的地方也画上线。

③ 从这一角度打钉子。

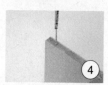
④ 把钉子打入木板大约5mm深。

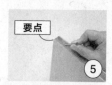
要点
⑤ 顺着线条使劲把钉子掰斜。

⑥ 用电动螺丝刀把钉子拧到稍微露出一点尖头的程度。

---

2 用木头胶带进行润色

『接合』是高级家具才会用到的包边方法，细节部分足够美观的话，即使是简单的置物架看起来也会很高档。

⑦ 一边拧钉子一边让桌板和侧板呈90°，并进行组装。一定要按住木板。

① 这是装好侧板后的样子。

桌板　侧板
② 剪好木头胶带。像上图一样把两根胶带交叉叠放，各自留出1~2cm的长度后再剪断。

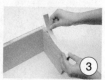
③ 将预先剪好的木头胶带贴在侧板和桌板上。

④ 尺子与桌角呈45°，沿着尺子切断胶带。

⑤ 撕掉多出来的胶带。

在倒U形置物架上贴上一层木皮贴纸

天然木头削成的薄片叫作原木皮。为了能贴在家具上，加工一下就成了"木皮贴纸"。其背面有一层贴纸，贴好后就有了家具的感觉。

45cm 宽的木皮贴纸有很多种，可以在网上购买。这次我们用的是胡桃木的木皮贴纸。

桌板上的胶带有两层重叠的，去掉多余的一层。

"接合"工作完成。

①

准备刚刚做好的倒 U 形置物架。

②

裁剪贴纸。把置物架放在上面，在贴纸上比置物架宽度多出 10mm 的地方做好标记。

③

沿着标记剪好贴纸。

④

将剪好的贴纸贴在置物架上，揭开 7~10cm 的隔离纸。

⑤

在比置物架宽度多出 10mm 的地方笔直地剪断贴纸。

⑥

用布按住贴纸边贴边撕开隔离纸。

⑦

用布在贴纸上左右画"八"字，不要鼓出气泡。

要点
⑧

把贴好的那面朝下放在地上，把多出来的部分裁掉（为了让成品看起来整齐利落，这个步骤十分重要）。

⑨

桌板和另一边的侧板也用同样的方式贴好贴纸。

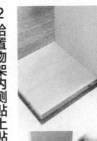

①

把裁好的贴纸放在置物架内侧，从上端开始贴。

②

用布按住贴纸边贴边撕开隔离纸。

夹板

③

在贴好的那一面放上夹板，然后用裁纸刀切掉多出来的部分。

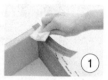

①

预先准备好宽 2.5cm 的贴纸，贴在置物架边缘（1.8cm）上。

②

把贴好的一面朝下放在地上，裁掉多余的部分。

③

采用"接合"的方式，用裁纸刀呈 45° 角裁掉重叠的部分。

④

包边也做好了。 45°

★搭配05
用于摆放喜爱的器皿的素雅角落
胡桃木是一种素雅中有点酷的木材，用其打造一个颇具风味的古玩角落，可以用于收集器皿，再装饰上朴素的陶器。

★搭配06
虽然看着有些成熟，但十分可爱的蓝色
蓝色和藏青色都是兼有成熟感和少女感的颜色，是非常协调的搭配。以第22页中用到的黑色字母"g"为据点，依次在旁边摆上绿植、坐垫、编织地毯等，形成一整套搭配。用厚芯板进行DIY也可以做出像这样的带门或是带抽屉的家具，图中所有均为我的个人物品。

遮挡窗帘的制作方法

　　不需要缝线，仅用热压自粘胶带就能做出来的简单窗帘。上下折叠多次，可以提高质感。

事前准备：

A：测量窗户的大小，从而决定窗帘的尺寸。

B：按测好的尺寸，裁好所需布料。

＊在 Hatena 家，我们做的窗帘大小为长96cm，宽90cm。

材料：

* 布料 A（宽棉布，白色）
* 布料 B（宽棉布，海军风）
* 热压自粘胶带
* 热压贴布（黑色）
* 剪刀、熨斗、量尺

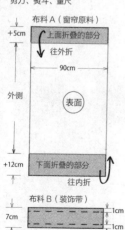

布料 A（窗帘原料）

```
+5cm  ┌──────────┐
      │ 上面折叠的部分 │ 往外折
      ├──────────┤
      │   90cm   │
外侧  │   表面    │
      │          │
+12cm │ 下面折叠的部分 │
      └──────────┘ 往内折
```

布料 B（装饰带）

```
7cm ┌──────────┐ 1cm
    │   90cm   │ 1cm
    └──────────┘
```

表面 ①

把布料 A 上端往外折5cm。

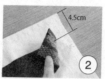

4.5cm

②

把布料 B 上下两端各往里折 1cm，做成一个宽5cm 的带子，放在离布料 A 上端4.5cm 的地方。

③

用热压自粘胶带把 B 固定住（可以放进窗帘杆）。把布料 A 下端往里折12cm，然后用热压自粘胶带固定住。

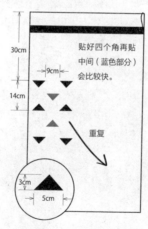

```
30cm ↕        贴好四个角再贴
     ┌───────  中间（蓝色部分）
9cm            会比较快。
14cm ↕  ▽ ▼ ▽
     ▼ ▽ ▼
        重复
     ▼ ▽ ▼ →

3cm ▲
    5cm
```

如果想多打一点褶皱，可以把窗帘宽度留大一点。长度要根据窗户的高度来决定。这次的窗帘宽70cm，因此用了宽90cm 的布料。

④

把热压贴布剪成小三角形来做花纹。

⑤

把窗帘翻过来，放一块布在上面，然后用熨斗熨一下。

⑥

撕掉隔离纸，把小三角形贴在窗帘上。

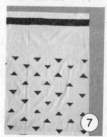

⑦

按喜欢的距离贴上花纹就完成了。贴花纹时，稍有差异会显得别有一番风味。

英文字母的制作方法

这是用不再穿的衣服做成的英文字母。虽然形状有些粗糙，但能够唤起美好的回忆。

材料:
* 不穿的衣服
* 厚纸壳
* 纸样
* 裁纸刀或剪刀
* 胶棒或双面胶等
* 缝纫机或订书机等
* 照片里的字母大小为宽 18.5cm× 高 25cm× 厚 2cm。

① 做一个自己喜欢的字母的纸样，放在厚纸壳上画好线。

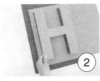

② 用裁纸刀裁下画好的字母。

③ 再剪3~4块这样的字母，然后用胶棒或者双面胶粘成厚2cm 左右的样子。

④ 把做好的厚纸壳放在不穿的衣服上，前后留下约 5cm 的空间后剪好布料。

要点

⑤ 在重叠的纸壳边再包一层布料会更美观。

⑥ 在纸壳侧面和里面都涂上胶水，用布料包起来。先从直线部位或者长边入手会更简单。

⑦ 一边剪掉多余的布料，一边包好纸壳，一个字母就成型了（根据布料弹性和字母形状的不同，包装方法也不同，要随机应变）。

⑧ 一边做一边检查，鼓起的纸壳一定要好好地包起来。

⑨ 最后把纸壳里面多余的布料剪掉即可。

后记

无论何时，能够回去的地方就叫作"家"。打开家门的一瞬间，你是会瞬间放松地呼了一口气，还是会忍不住欢呼一声呢？

虽然这一刻并不会留在记忆里，但如果欢呼上100回，1000回，甚至更多，一点一滴地累积下来，心里的幸福感想必也会积少成多，越来越浓。

室内设计的作用就在于或大或小、或多或少地增加家里能感到幸福的地方。

如果厨房每天都收拾得整整齐齐，那么就算满身疲倦地回到家里，也会一下子又恢复干劲了吧。

如果起居室总是布置得漂漂亮亮，那么每次说着"我回来啦"的时候，嘴角也会忍不住上扬吧。

如果给墙壁刷上喜欢的颜色让房间焕然一新，那么颜色不易搭配的窗帘或是透明纱帘也会变得简洁起来，生活感也会被室内设计的光芒掩盖。

我写这本书，是希望通过分享这些想法，让大家也能发觉自己家潜藏的"可能性"。眼前的"可能性"增加后，人的心情也会随之变得明朗轻快起来。希望大家都能让家变成一个闪闪发光的地方，变成能带来满足感和安全感的地方。

虽然世界万物瞬息万变，但我相信，家给人带来的安全感是不会随着时间而消逝的。

川上雪

图书在版编目（CIP）数据

家的模样：私宅改造全攻略 ／（日）川上雪著 ；黄若希译.
 —— 南京 ：江苏凤凰科学技术出版社，2018.6
 ISBN 978-7-5537-9156-2

 Ⅰ．①家… Ⅱ．①川… ②黄… Ⅲ．①室内装饰设计
 Ⅳ．①TU238.2

中国版本图书馆CIP数据核字(2018)第078203号

江苏省版权局著作权合同登记 图字：10-2018-036 号

FUDANNO HEYANI CHOTTO TEO IRETARA SUTEKINI NARIMASHITA by Yuki Kawakami
Copyright © 2017 Yuki Kawakami
All rights reserved.
Original Japanese edition published by DAIWASHOBO CO., LTD.

Simplified Chinese translation copyright © 2018 by Tianjin Ifengspace Media Co., LTD
This Simplified Chinese edition published by arrangement with DAIWASHOBO CO.,
LTD., Tokyo, through HonnoKizuna, Inc., Tokyo, and Shinwon Agency Co. Beijing
Representative Office, Beijing

家的模样：私宅改造全攻略

著　　　者	［日］川上雪	
译　　　者	黄若希	
项 目 策 划	凤凰空间／陈舒婷	
责 任 编 辑	刘屹立　赵　研	
特 约 编 辑	彭　娜	

出 版 发 行	江苏凤凰科学技术出版社	
出版社地址	南京市湖南路1号A楼，邮编：210009	
出版社网址	http://www.pspress.cn	
总 经 销	天津凤凰空间文化传媒有限公司	
总经销网址	http://www.ifengspace.cn	
印　　　刷	北京博海升彩色印刷有限公司	

开　　　本	889 mm×1 194 mm　1／32	
印　　　张	4	
字　　　数	89 600	
版　　　次	2018年6月第1版	
印　　　次	2024年1月第2次印刷	

标 准 书 号	ISBN 978-7-5537-9156-2
定　　　价	49.90元

图书如有印装质量问题，可随时向销售部调换（电话：022-87893668）。